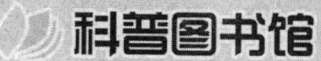

"领先一步学科学"系列

消失的生物

主　　编　杨广军
副 主 编　朱焊炜　章振华　张兴娟
　　　　　胡　俊　黄晓春　徐永存
本 册 主 编　陈小和
本册副主编　章振华

上海科学普及出版社

图书在版编目（CIP）数据

消失的生物 / 杨广军主编.—上海：上海科学普及出版社，2013(2018.4 重印)

（领先一步学科学）

ISBN 978-7-5427-5779-1

Ⅰ.①消… Ⅱ.①杨… Ⅲ.①生物-青年读物②生物-少年读物 Ⅳ.①Q1-49

中国版本图书馆 CIP 数据核字(2013)第 113697 号

组　　稿　胡名正　徐丽萍
责任编辑　徐丽萍
统　　筹　刘湘雯

"领先一步学科学"系列

消失的生物

主编　杨广军
副主编　朱焯炜　章振华　张兴娟
　　　　胡　俊　黄晓春　徐永存
本册主编　陈小和
本册副主编　章振华
上海科学普及出版社出版发行
（上海中山北路 832 号　邮政编码 200070）
http://www.pspsh.com

各地新华书店经销　北京柯蓝博泰印务有限公司印刷
开本 787×1092　1/16　印张 13　字数 200 000
2013 年 7 月第 1 版　2018 年 4 月第 2 次印刷

ISBN 978-7-5427-5779-1　　定价：25.80 元

卷首语

地球属于生活在其上的一切时代的生物。对个体而言，生命的归宿是死亡，而对于一个物种，一个群体来说，不幸的归途就是灭绝了。据科学家推测，现存的不同种类的生物或物种，包括动物、植物和微生物，超过1200万种。但是曾经生活过而且再也不会复活的物种数量，则是这个数字的近千倍，这是一个怎样的数量级？

生物灭绝又叫生物绝种。它并不总是匀速的、逐渐进行的，经常会有大规模的集群灭绝，即生物大灭绝。整科、整目甚至整纲的生物可以在很短的时间内彻底消失或仅有极少数残存下来。在集群灭绝过程中，往往是整个分类单元中的所有物种，无论在生态系统中的地位如何，都逃不过劫难，而且还常常是很多不同的生物类群一起灭绝，却总有其他一些类群幸免于难，还有另一些类群从此诞生或开始繁盛。大规模的集群灭绝有一定的周期性，大约6200万年就会发生一次。集群灭绝对动物的影响最大，而陆生植物的集群灭绝不像动物那样显著。

现在，就让我们一起，拂去生物进化的历史积尘，回眸生命交替的轮回，去了解那些曾经在地球上存在过、发展过，最终又走向灭绝的各种生物所走过的生命历程吧……

目 录

·回望来时路——生命进化的足迹·

47亿年前的宇宙奇迹——地球诞生 …………………………(3)
偶然中的必然——地球生命诞生 …………………………(11)
地球年龄如何知——地质年代与生物 ………………………(19)
不说话的证人——化石 ………………………………………(27)
探索生物和地质演变——古生物学 …………………………(34)
6亿年前海洋中发生什么——寒武纪生命大爆发 ……………(41)
自然选择，适者生存——生物进化学说 ……………………(49)

·奥陶纪——海洋生物发展和灭绝·

开始于5亿年前——奥陶纪简介 ……………………………(59)
无脊椎动物的繁盛——奥陶纪的海洋 ………………………(65)
发生了什么——海洋生物在奥陶纪大量消失 ………………(72)
物种为何灭绝——奥陶纪气候变冷？ ………………………(77)

·泥盆纪——鱼类的时代,后期海洋生物大灭绝·

气候催生生物界变革——泥盆纪简介 ……………………………… (85)
从海洋走向陆地——泥盆纪的生物演化 ………………………… (89)
七成物种大灭绝——泥盆纪的后期 ………………………………… (97)
物种因何大灭绝——可能因气候变化 ……………………………… (101)

·二叠纪——生物繁盛,末期大浩劫·

生物界从繁盛到灭绝——二叠纪简介 ……………………………… (105)
爬行动物大繁盛——二叠纪的生物演化 ………………………… (110)
2.5亿年前大事变——二叠纪末生物大灭绝 ……………………… (114)
谁是刽子手——火山爆发OR小行星撞击 ………………………… (118)

·三叠纪——生物界的巨大变化·

爬行动物、裸子植物的舞台——三叠纪简介 …………………… (129)
恐龙来了——三叠纪生物演化 …………………………………… (134)
五成物种消失了——三叠纪生物大灭绝 ………………………… (143)
物种因何消失——庐山还在云雾中 ……………………………… (146)

· 白垩纪——新老交替的纪元 ·

海陆空欣欣向荣——白垩纪简介 …………………………………… (151)
生物界急剧变化——白垩纪生物演化 …………………………… (157)
恐龙灭绝——白垩纪消失的物种 ………………………………… (163)
恐龙因何灭绝——陨石撞击说及其他假说 ……………………… (169)

· 第六次大灭绝会来临吗——保护地球生态 ·

谜团谁能解——生物大灭绝有规律吗 …………………………… (181)
物种消失太快了——远去的生物多样性 ………………………… (186)
第六次大灭绝进行时——元凶是人类 …………………………… (192)
大灭绝能否逆转——保护物种就是保护人类 …………………… (197)

回望来时路

——生命进化的足迹

　　每过一年,大家都要长大一岁。一年,对我们大家来说是个比较长的时间,可是这在地球的历史上,简直是微不足道的一瞬。地质学家发现:覆盖在原始地壳上的层层叠叠的岩层,是一部地球几十亿年演变发展留下的"石头大书"。翻开这部大书,层层叠叠,厚厚重重。

　　地球是怎么来的?生命是怎么产生的?地球的年龄是按照什么来划分的?让我们带着这些问题,一起走进这块浩瀚宇宙的宝石,透析它的结构和了解它的秘密吧。

回望来时路——生命进化的足迹

47亿年前的宇宙奇迹
——地球诞生

在群星闪烁的夜晚，仰望天际，我们就可以感觉到宇宙的神秘。就连天文学家，对宇宙的了解也不多，因为我们现有的探测手段对于这个奥妙无穷的宇宙来说，仍然相当落后。浩瀚的宇宙远比我们想象的要奇特得多，它以无比强劲的磁力吸引着我们不断去探索和发现。

宇宙这么大，它里面到底有什么呢？要回答这个问题，得先说星系。星系实际上就是一个巨大的恒星组成的大家庭。现在，我们可以说宇宙里面有什么了，那就是超过1000亿个星系和无数星际物质。银河系就是一个星系，它集中了至少1000亿颗以上的恒星，太阳系又是银河系的一个成员。而地球是太阳系里的行星，却也是一颗最特殊的行星。现在就让我们一起走进这块闪闪发光的浩瀚宇宙宝石吧。

地球亦作"地毬"，是一个两极稍扁、赤道略鼓的球体。它是太阳系从内到外的第三颗行星，也是太阳系中直径、质量和密度最大的类地行星。

◆神秘浩瀚的美丽宇宙

◆太阳系鸟瞰图

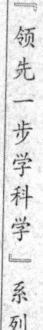

消失的生物

它也经常被称作"世界"。英语的地球"Earth"一词来自于古英语及日耳曼语。地球已有44亿～46亿岁,有一颗天然卫星月球围绕着地球以29.53天的周期旋转,而地球以近24小时的周期自转并且以一年的周期绕太阳公转。

原始地球的形成

◆正在形成的地球

◆太阳系

大约在47亿年前,宇宙中有许多小行星绕着太阳转,这些行星互相撞击,形成了原始的地球。最初的地球很小,但不断有宇宙中的尘埃及小的星体撞击,体积不断增大。而且撞击时能量聚集,温度不断上升,最终熔化为液体。不久以后,星体撞击的次数渐渐减少,地球开始由外往内慢慢冷却,产生了一层薄薄的硬壳——地壳。这就是今天的地表。但是,这时候地球内部还是呈现炽热的状态,里面的岩浆不断喷涌,形成大量的火山。

同时,岩浆喷涌带出大量气体,气体中带着大量的水蒸气,这些水蒸气就形成了一圈包围在地球外围的大气层。地球距离太阳的位置不会太近,致使水蒸气不被太阳蒸干,地球本身的大小又有足够的引力将大气层拉住,所以地球才会有得天独厚的大气环境。大气层形成之后就开始降雨,从而形成了原始的海洋。

回望来时路——生命进化的足迹

地球的温度

地核的温度大约是 5500℃，接近太阳光球表面温度（6000℃）。地表上最热的地方在撒哈拉大沙漠，那里的实测最高气温达到 57.9℃。而在最冷的两极地区，曾经测量得到零下 89.2℃ 的最低温。

地球的结构分析

地球，当然不需要飞行器即可被观测，然而我们直到 20 世纪才有了整个行星的地图。

地球结构为一同心状圈层构造，由地心至地表依次分化为地核、地幔、地壳。地球地核、地幔和地壳的分界面，主要依据地震波传播速度的急剧变化推测确定。地球各层的压力和密度随深度增加而增大，物质的放射性及地热增温率，均随深度增加而降低，近地心的温度几乎不变。地核与地幔之间以古登堡面相隔，地幔与地壳之间以莫霍面相隔。

◆地球在刚形成时，温度比较低，并无分层结构

地核又称铁镍核心，其物质组成以铁、镍为主，又分为内核和外核。内核的顶界面距地表约 5100 千米，约占地核直径的 1/3，可能是固态的。外核的顶界面距地表 2900 千米，可能是液态的。地核之所以成为实心，因为地心引力在此创造出的压力是地球表面压力的 300 万倍。英国科学家通过精密电脑计算，发现地核的温度

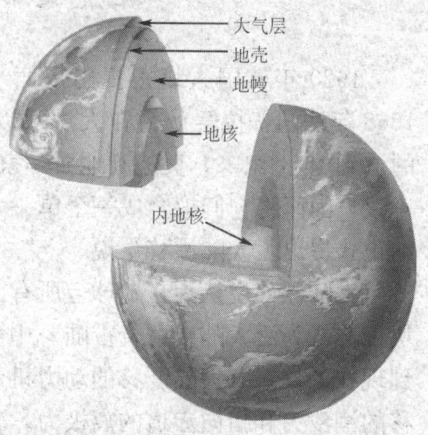
◆地球结构示意图

消失的生物

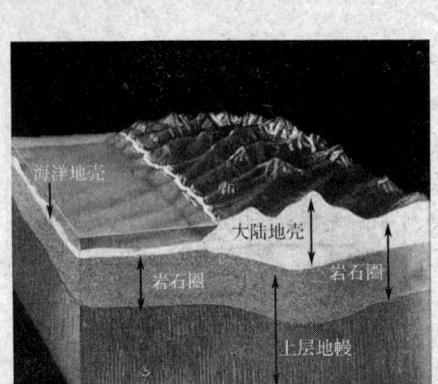
◆岩石圈示意图

竟高达5500℃，几乎接近太阳的温度，亦比科学界之前估计的为高。地核内的铁流使物质产生巨大的磁场，可以保护地球免受外来射线的干扰。

地幔又可分为下地幔、上地幔。下地幔顶界面距地表1000千米，密度为4.7克/立方厘米，上地幔顶界面距地表33千米，密度3.4克/立方厘米，因为它主要由橄榄岩组成，故也称橄榄岩圈。地壳的厚度约33千米，上部由沉积岩、花岗岩类组成，叫硅铝层，在山区最厚达40千米，在平原厚仅10余千米，而在海洋区则显著变薄，大洋洋底缺失。

其他的类地行星可能也有相似的结构与物质组成，当然也有一些区别：月球至少有一个小内核；水星有一个超大内核（相当于它的直径）；火星与月球的地幔要厚得多；月球与水星可能没有由不同化学元素构成的地壳；地球可能是唯一一颗有内核与外核的类地行星。

地壳变动与生物存亡

1620年英国人培根提出了西半球曾经与欧洲和非洲连接的可能性。1668年法国普拉赛认为在大洪水以前，美洲与地球的其他部分不是分开的。到19世纪末，奥地利地质学家修斯注意到南半球各大陆上的岩层非常一致，因而将它们拟合成一个单一大陆，称之为冈瓦纳古陆。1912年魏格纳正式提出了大陆漂移学说。

大陆漂移说认为，地球上所有大陆在中生代以前曾经是统一的巨大陆块，称之为泛大陆或联合古陆。中生代开始，泛大陆分裂并漂移，逐渐达到现在的位置。大陆漂移的动力机制与地球自转的两种分力有关：向西漂移的潮汐力和指向赤道的离极力。较轻硅铝质的大陆块漂浮在较重的黏性的硅镁层之上，由于潮汐力和离极力的作用，使泛大陆破裂并与硅镁层分离，而向西、向赤道作大规模水平漂移。

回望来时路——生命进化的足迹

普林斯顿大学的哈里·赫斯于1960年首次提出海底扩张说。该学说描述的是纵贯主要大洋海丘两侧的海底部分持续受到挤压的过程。

他认为，由于海底扩张效应，海底壳层不断地在大陆一边创生，而同时又在大陆的另一边消失。这个观点通常被看成板块构造说进一步发展的主要内容，也是我们理解大陆漂移理论的主要基础。大西洋地壳层从海丘移出的速度大约是每年4厘米。按照这个速度推算，大西洋海底壳层从海丘全部移出，也就是移动整个大西洋宽度的距离所需的时间为2亿年。

这个数字立即可以用来解释许多未知的奥秘。例如，海底钻孔找到的化石标本都未超过2亿年（中生代前后）。而从陆地上挖掘出的海生化石研究表明，这些海生生物都可追溯到20亿年以前。再如，假设海床的年龄与大陆同样古老，那么按正常的沉积速度，海床上应当产生很厚的沉积层，但钻探分析表明，海床上的沉积物很少。简而言之，在海洋存在的几十亿年中，海底并不是永恒的，而是在不断地变化，不断地运动。

1967～1968年法国人勒皮雄、美国人麦肯齐定量地论述了板块运动，确立了板块构造学的基本原理。

根据物理性质可将地球上层自上而下分为刚性的岩石圈和塑性的软流圈两

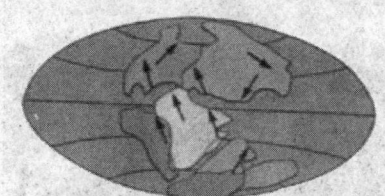
2亿年前（三叠纪末）

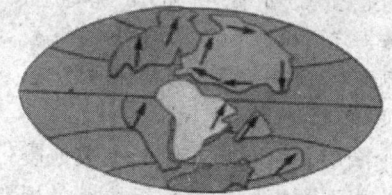
1亿3500万年前（白垩纪初）

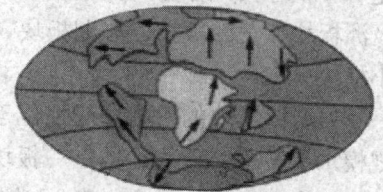
6500万年前（第三纪初）

现在

◆古生代全球只有一整块的大陆，叫联合大陆或联合古陆，其后这块大陆分阶段地分裂和漂移，最后一直漂移到现在的这个位置上，分成若干个大陆和若干岛屿。

消失的生物

◆海洋沉积物年龄从洋脊向两侧逐渐变老,这是海底扩张的证据之一。
(颜色越深代表越年轻)

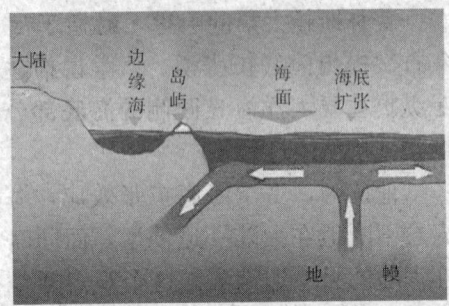

◆海底扩张形成海沟示意图

个圈层。岩石圈在侧向上被地震带所分割,形成若干大小不一的板块,称为岩石圈板块,简称板块。各板块的厚度不同,约在几十千米至200千米左右。全球共可分为六大板块:亚欧板块、太平洋板块、印度洋板块、南极洲板块、美洲板块、非洲板块,在这六大板块中还可进一步划分为若干小板块。

岩石圈板块的重力均衡地位于塑性软流圈之上,并在地球表面发生大规模水平转动。板块运动是一板块对于另一板块的相对运动,其运动方式是绕一个极点发生转动,其运动轨迹为小圆。相邻板块之间或相互离散,或相互汇聚,或相互平移,引起地震、火山和造山运动。板块运动的驱动力一般认为来自地球内部,最可能是地幔中的物质对流。

◆板块构造说认为全球可分为六大板块:亚欧板块、太平洋板块、印度洋板块、南极洲板块、美洲板块、非洲板块。在六大板块中还可再分成若干小板块。

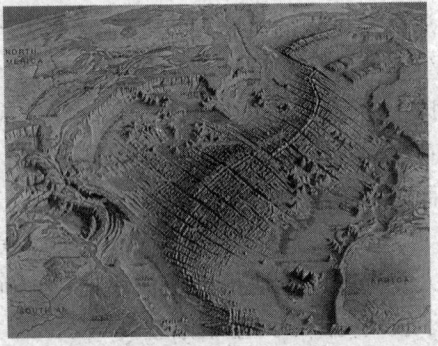

◆大西洋海底地形图,是板块构造说的一大证据。

回望来时路——生命进化的足迹

地壳变动、海陆变迁改变着生物的生存环境，从而影响生物的生存和灭亡，地球上曾经出现过多次因海陆变迁而引起的生物灭绝。

地球的保护层

地球表面为一层大气所包围。这层大气既是生命所必需，又为地面生物提供良好的保护。如果没有大气，太阳紫外线和宇宙射线就会杀死地球上所有的生命；如果没有大气层，地球昼夜温差将达到两三百摄氏度，生命无法生存；如果没有大气层，陨石长驱直入，地球将变得如月球一样坑坑洼洼，生命不断地受到陨石的威胁；没有大气，生命将无法呼吸。

大气层的厚度大约在 1000 千米以上，但没有明显的界限。整个大气层随高度不同表现出不同的特点，分为对流层、平流层、中间层、暖层和散逸层，再上面就是星际空间了。

◆没有大气层，没有臭氧层，太阳紫外线就会对地球生命造成致命伤害！

对流层在大气层的最低层，紧靠地球表面，其厚度大约为 10 至 20 千米。对流层的大气受地球影响较大，云、雾、雨等现象都发生在这一层内，水蒸气也几乎都在这一层内存在。这一层的气温随高度的增加而降低，大约每升高 1000 米，温度下降 5℃～6℃。动、植物的生存，人类的绝大部分活动，也在这一层内。因为这一层的空气对流很明显，故称对流层。

除此之外，还有两个特殊的层，即臭氧层和电离层。臭氧层距地面 20 至 30 千米，

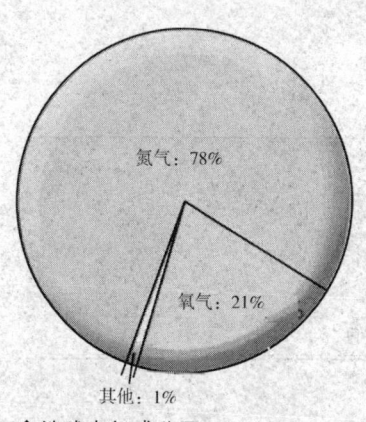

◆地球大气成分图

消失的生物

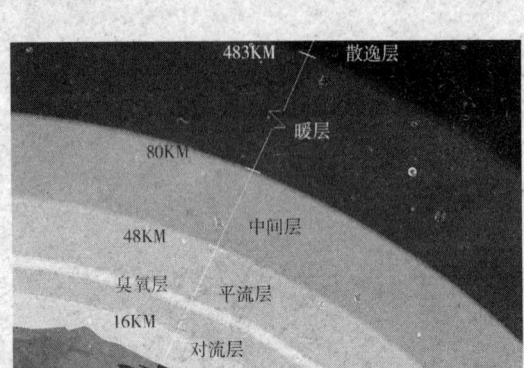

◆大气层结构

实际介于对流层和平流层之间。这一层主要是由于氧分子受太阳光的紫外线的光化作用造成的，使氧分子变成了臭氧。电离层很厚，大约距地球表面80千米以上。电离层是高空中的气体，被太阳光的紫外线照射，电离成带电荷的正离子和负离子及部分自由电子形成的。电离层对电磁波影响很大，我们可以利用电磁短波能被电离层反射回地面的特点，来实现电磁波的远距离通信。

 万花筒

地球大气的组成

组成大气的空气为一种混合气体，并且愈到高空，变得愈稀薄。从地面到90千米的高度为止，空气成分的比例大致上是一样的。地球大气由氮、氧、氩、氖、氦、氢、臭氧、水汽、二氧化碳等气体组成。另外，大气中还含有一定量的水和多种尘埃杂质。

 拓展思考

1. 地球如何诞生的？
2. 地球诞生之初是什么模样的？
3. 解释地球外貌变化的理论有哪些？
4. 你认为地球海陆变迁对生物会有什么影响？

回望来时路——生命进化的足迹

偶然中的必然
——地球生命诞生

地球是人类的摇篮，几千年来，人类从没有间断过对自己居住的这个星球的探索。但直到18世纪，哥白尼提出了日心说，牛顿发现了万有引力，以及望远镜的发明，才使人类对地球的研究进入一个实质性的阶段。

◆太阳系于46亿年前由一团星云演化而来

我们居住的行星大约成于46亿年前，从某种程度上说，在一个无法确定的时间，一定是发生了什么情况，才使得这颗本来毫无生气的天体突然开始接纳与岩石和水迥然不同的某些东西，显现出勃勃生机。

至今，地球生命的起源问题依旧是科学家们争论不休甚至费尽心思的不解之谜。地球上的生命到底从何而来呢？

◆宇宙大爆炸

大爆炸的整个过程是复杂的，现在只能从理论研究的基础上，描绘过去远古的宇宙发展史。

地球在宇宙中形成以后，开始是没有生命的。地球里的生命是在极其漫长的时间内，由非生命物质经过极其复杂的化学过程，一步一步地演变而成的。

11

消失的生物

生命的化学进化

生命起源是当代重大科学课题，然而却又是至今依旧了解甚少的生命科学最基本问题，因为地球生命发生过程毕竟是35亿年前进行的事件。关于地球上生命是如何发生的，众说纷纭。现在占主流的生命起源学说是化学进化说。

◆原始地球

化学进化说认为，生命的起源和发展需要经过两个过程。第一个过程是生命起源的化学进化过程（发生在地球形成后的十多亿年之间），即由非生命物质经一系列复杂的变化，逐步变成原始生命的过程。第二个过程是生物进化过程（发生在30亿年以前原始生命产生到现在），即由原始生命继续演化，从简单到复杂，从低

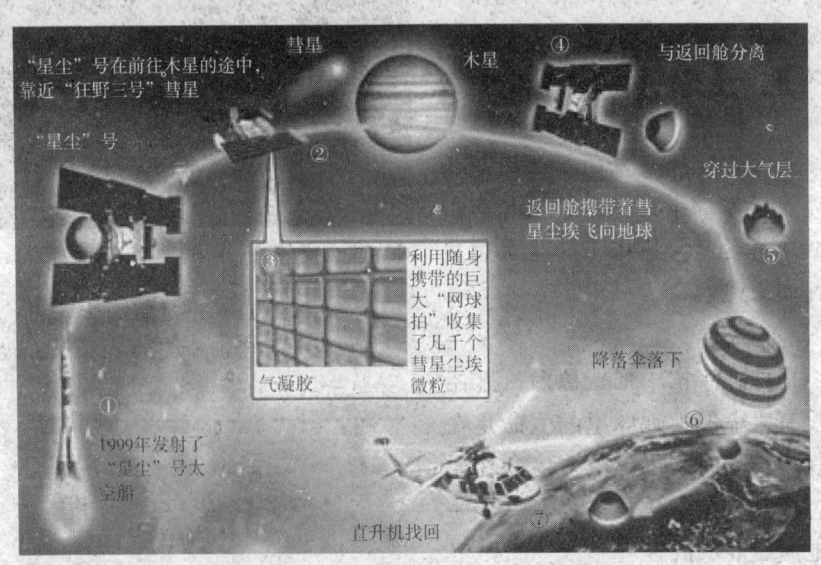
◆研究原始生命起源的"星尘"项目示意图

回望来时路——生命进化的足迹

等到高等,从水生到陆生,经过漫长的过程直到发展为现今丰富多彩的生物界,并且继续发展变化的过程。

当前关于化学进化学说比较一致的观点是:生命起源是地球形成早期化学物质长期进化的结果,从非生命向生命的转化大约完成于38亿年~36亿年前之间。

蛋白质和核酸

蛋白质和核酸是生物体内最重要的物质。没有蛋白质和核酸,就没有生命。1965年,我国科学工作者人工合成了结晶牛胰岛素(一种含有51个氨基酸的蛋白质)。反映了我国在探索生命起源问题上的重大成就!

生命诞生的过程

生命起源最初是由无机物合成有机分子,再构成多分子体系,最后形成原始生命。

原始大气(主要由水蒸气、氮气、氢气、氨、甲烷、二氧化碳、硫化氢等构成)在高温、紫外线及雷电的作用下形成简单的有机物。后来地球的温度逐渐降低,水蒸气凝结成雨降落到地面上,有机物随着水进入湖泊、河流,最终流入原始海洋。在原始海洋中,有机物相互作用,这些有机分子进一步合成,变成生物单体(如氨基酸、糖、腺甙和核甙酸等)。这些生物单体进一步聚合作用变成生物聚合物,如蛋白质、多糖、核酸等。这一段过程叫做化学演化。

▶原始生命在海洋中诞生

消失的生物

蛋白质出现后,最简单的生命也随着诞生了。

 做一做——米勒实验

1953年美国芝加哥大学尤里实验室研究生米勒等人所做的模拟原始大气实验,有力地证实了"自然界有机物是由无机物转化而成"这一推断的科学性。

米勒设计了一套密闭循环的玻璃仪器,模拟和验证了非生命的无机小分子物质在原始地球环境中生成生物小分子物质的过程。他先将模拟装置抽成真空,再用130℃的高温消毒18小时,然后在烧瓶中注入水来代表原始的海洋,其上部球形空间通入甲烷(CH_4)、氢(H_2)、氨(NH_3)、水汽(H_2O)来模拟"还原性大气",确保玻璃仪器内没有有机小分子物质。米勒先给烧瓶加热,使水蒸气在管中循环,接着他通过两个电极放电产生电火花,模拟原始地球闪电的自然条件,并激发密闭装置中的不同气体之间发生化学反应,在球型空间下部连通的冷凝管让反应后的气体和水汽冷却后形成液体,即模拟了降雨的过程。这些溶解了化学反应后形成的新化合物的"雨水",又流回底部的烧瓶。经过连续进行火花放电8天8夜后,奇迹出现了:玻璃瓶的内部出现了一种淡红色的物质——它们是一些组成生命的基本物质——里面有九种氨基酸,还有多种有机酸!米勒的模拟实验为人们提供了几十亿年前原始大气中无机小分子合成有机小分子的可能性。

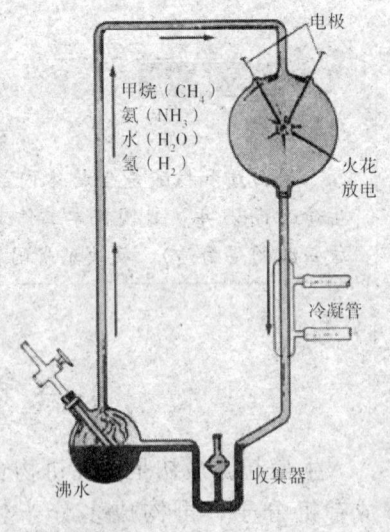

◆米勒实验示意图

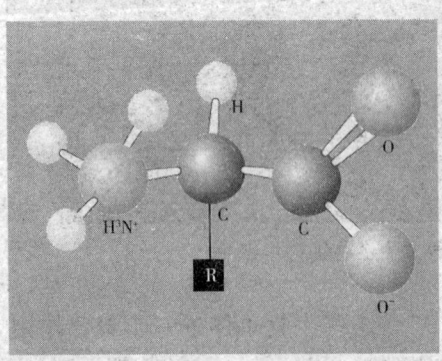

◆氨基酸结构通式

此后其他科学家改用紫外线、X射线等作为能源,也得到了类似的结果。目前,组成蛋白质的20种氨基酸都已通过人工模拟合成。20世纪60

回望来时路——生命进化的足迹

年代以来，核酸的单体（嘌呤、嘧啶、核糖、核苷酸）也相继人工模拟合成，这就有力地证明了在原始地球的自然条件下，无机小分子可以转化为有机小分子。

◆米勒在观察他的实验

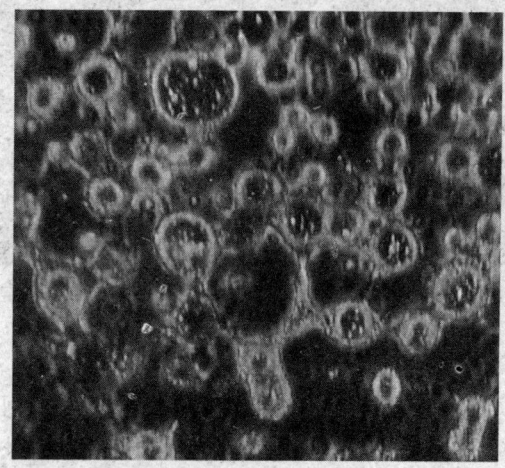
◆可以演化成低级生命的小液滴

知识库——生命与非生命物质的区别

生命与非生命物质的最基本区别是：生命物质能从环境中吸收自己生活过程中所需要的物质，排放出自己生活过程中不需要的物质。这种过程叫作新陈代谢，这是第一个区别。第二个区别是能繁殖后代。任何有生命的个体，不管它们的繁殖形式有如何的不同，它们都具有繁殖新个体的本领。第三个区别是有遗传的能力。能把上一代生命个体的特性传递给下一代，使下一代的新个体能够与上一代个体具有相同或者大致相同的特性。这个大致相同的现象最有意义，最值得我们注意。因为这说明它多少有一点上一代不一样的特点，这种与上一代不一样的特点叫变异。这种变异的特性如果能够适应环境而生存，它就会一代又一代地把这种变异的特性加强并成为新个体所固有的特征。生物体不断地变异，不断地遗传，年长月久，周而复始，具有新特征的新个体也就不断地出现，使生物体不断地由简单变复杂，构成了生物体的系统演化。

地球上早期生命的特性

地球上最早的生命形态很简单，一个细胞就是一个个体，它没有细胞

消失的生物

◆氧气浓度的变化改变了生命进化的方向

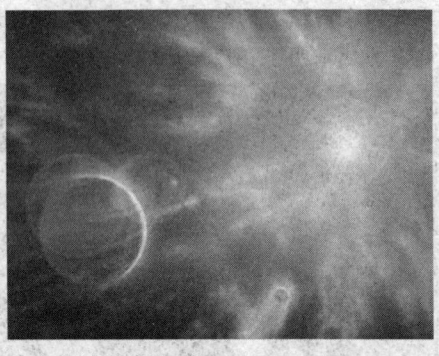
◆宇宙粒子袭击地球

一个细菌细胞含有单一的DNA环

复制一个相同的DNA

分裂形成两个含有相同DNA的细菌细胞

形成两个与亲代相同的细菌

◆原始的生物如细菌一样一分为二，后来逐渐进化出复杂的有性生殖

核，我们叫它为原核生物。它是靠细胞表面直接吸收周围环境中的养料来维持生活的，这种生活方式我们叫作异养。

当时它们的生活环境是缺乏氧气的，这种喜欢在缺乏氧气的环境中生活的叫作厌氧。因此最早的原核生物是异养厌氧的。它的形态最初是圆球形，后来变成椭圆形、弧形、江米条状的杆形，进而变成螺旋状以及细长的丝状，等等。从形态变化的发展方向来看，是增加身体与外界接触的表面积和增大自身的体积。现在生活在地球上的细菌和蓝藻都是属于原核生物。蓝藻的发生与发展，加速了地球上氧气含量的增加，从20多亿年前开始，不仅水中氧气含量已经很多，而且大气中氧气的含量也已经不少。细胞核的出现，是生物界演化过程中的重大事件。

原核植物经过15亿多年的演

> 关于地球原始生命的起源问题有多种观点，如"宇宙胚种说"和"地球化学起源说"等。

16

变,原来均匀分散在它的细胞里面的核物质相对地集中以后,外面包裹了一层膜,这层膜叫作核膜。细胞的核膜把膜内的核物质与膜外的细胞质分开。细胞里面的细胞核就是这样形成的。有细胞核的生物我们把它称为真核生物。

从此以后,细胞在繁殖分裂时不再是简单的细胞质一分为二,而且里面的细胞核也要一分为二。真核生物大约出现在 20 亿年前。性别的出现是在生物界演化过程中的又一个重大的事件,因为性别促进了生物的优生,加速生物向更复杂的方向发展。

生命起源的环境条件

原始地球具备生命起源的环境和物质条件:

①早期的还原性大气,使原始地球初期形成的前生物有机分子得以积累保存;

②早期大气无游离氧,地球外层空间未形成臭氧层,强烈的太阳紫外线对早期大气中化学反应起重要作用,雷电、宇宙射线也是原始地球化学进化中的重要能源;

◆原始大气中没有游离氧给生命起源创造了条件

③原始海洋的形成为生命诞生准备了必要条件。

生命缘何只中意地球

生命的起源和演化对环境要求极高,达到苛刻的地步,除了"奇迹"一词,似乎找不出更恰当的词,而地球正好满足了这"苛刻"的要求,便创造了宇宙演化的最高境界——生命"奇迹"的诞生!

一、稳定的宇宙环境条件:

1. 稳定的太阳光照条件。在地球的演化过程中,太阳光照比较稳定,

消失的生物

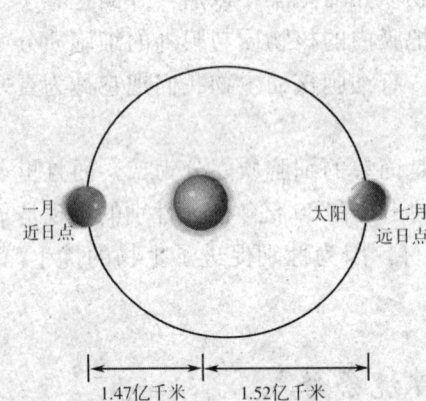

◆日地距离适中，使得地球存在液态水

◆地球自转引起的昼夜交替保证地球温度适宜

地球生命演化没有间断。

2. 安全的空间运行轨道。太阳系九大行星各行其道互不干扰。

二、地球适宜的自身条件：

1. 日地距离适中，地球表面平均温度15℃，温度适宜。

2. 地球自转周期适宜，周期24小时，白昼增温不过热，黑夜降温不过冷。

3. 地球体积和质量适中，其引力可以聚集大气，适合生物呼吸。

4. 地球内部物质运动，促进了海洋的形成，水给生命的出现和发展提供了条件。

拓展思考

1. 非生命物质是如何变为生命物质的？
2. 原始生命应具备什么样的特征？
3. 米勒实验证明了什么？有何意义？
4. 地球有哪些条件适合生命的诞生和繁衍？

回望来时路——生命进化的足迹

地球年龄如何知
——地质年代与生物

地质科学家说地球至少有46亿岁。而人类有文字记载的历史只有几千年。那么，我们是怎样知道地球年龄的呢？每个年龄阶段又有什么样的不同特征呢？现在就让我们一起来探讨这个问题吧。

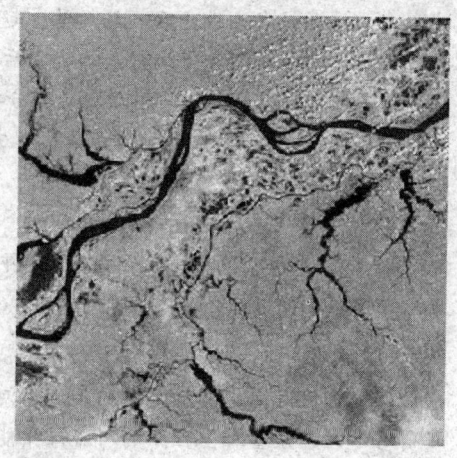
◆地层

地球年龄的推算方法

20世纪初期，人们发现地壳中普遍存在微量的放射性元素，它们的原子核中能自动放出某些粒子而变成其他元素，这种现象被称作放射性衰变。在天然条件下，放射性元素衰变的速度不受外界物理化学条件的影响而始终保持很稳定。

例如1克铀经过约45亿年以后，大约只有1/2克了，这个时间称为半衰期。经过两个半衰期，就只剩下原来的1/4克了。利用放射性元素的这一特性，我们选择含铀的岩石，测出其中铀和铅的含量，便可以比较准确地计算出岩石的年龄。用这种方法推算出地球上最古老的岩石大约为38亿年。当然这还不是地球的年龄，因为在地壳形成之前地球还经过一段表面处于熔融状态的时期，科学家们认为加上这段时期，地球的年龄应该是46亿年。

 消失的生物

 小知识——放射性元素半衰期

　　放射性元素的原子核有半数发生衰变时所需要的时间，叫半衰期。原子核的衰变规律是：$N=N_0 \times (1/2)^{(t/T)}$ 其中：N_0 是指初始时刻（$t=0$）时的原子核数，t 为衰变时间，T 为半衰期，N 是衰变后留下的原子核数。放射性元素的半衰期长短差别很大，短的远小于一秒，长的可达数亿年。

　　当原子开始发生衰变后，其数量会越来越少，衰变的速度也会因而减慢。例如一种原子的半衰期为一小时，一小时后其未衰变的原子为原来的二分之一，两小时后会是四分之一，三小时后会是八分之一。原子的衰变会产生出另一种元素，并会放出 α 粒子、β 粒子或中微子，在发生衰变后，该原子也会释放出 γ 射线。

广角镜——以前的科学家测定地球年龄的方法

　　17世纪到18世纪期间，有科学家试图通过研究海洋里的盐度来推算地球的年龄。他们假定海水最初是淡的，由于河水把盐冲入海洋才使海水变咸。知道了目前海水的含盐量和全世界的河流每年能把多少盐冲入海洋就可以算出海洋的年龄，并进一步推算出地球的年龄。因为海水最初是不是淡的本身就是一个未解之

◆海洋里的盐分由河水带来，大河大江入海口海水盐度较低

◆沉积岩中的化石

回望来时路——生命进化的足迹

动物残骸
粗砂
角砾岩
页岩
粉砂
幼泥
沙及石粒
化石

◆沉积岩形成示意图

谜，河流每年带入海洋的盐量也并不一样，此外地球的形成比海洋的出现早多少年也不得而知，故这种方法解决不了问题。

后来人们又在海洋里找到了另一种计时器，这就是海洋中的沉积物。随着岁月的增长，沉积物越来越厚，而且大量变成了岩石——沉积岩。据估计，每3000～10000年可以造成1米厚的沉积岩。地球上各个地质时期形成的沉积岩，加在一起总共有多厚呢？约有100千米。算起来形成这些沉积岩共用了3亿～10亿年的时间。不过这个数字仍不等于地球的年龄，因为在有沉积作用以前，地球也是早就形成了。

19世纪，达尔文提出进化论以后，人们发现了通过对生物化石的研究来确定岩石相对年龄的方法，但是用这种方法还不能推算出地球本身的绝对年龄。

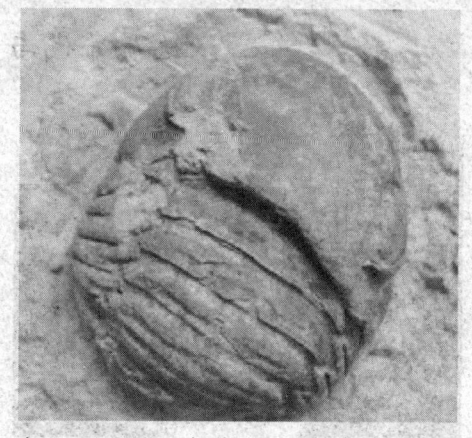

◆岩石上的化石好像一部编年史，可以读出很多信息

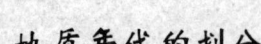消失的生物

地质年代的划分

地质年代就是指地球上各种地质事件发生的时代。它包含两方面含义：其一是指各地质事件发生的先后顺序，故称为相对地质年代；其二是指各地质事件发生的距今年龄，由于主要是运用同位素技术，称为同位素地质年龄，也称绝对地质年代。这两方面结合，才构成对地质事件及地

◆沉积岩

球、地壳演变时代的完整认识，地质年代表正是在此基础上建立起来的。

地质年代与生物演化

◆化石能显示相对地质年代

地质年代中各个宙、代、纪和世都有自己的名称，用于描述生物在不同地质时空的发展程度，一般以首先研究它们时期岩石的地点来命名，现将某些专家所广泛使用的各个时期的名称概述于下。

"宙"、"代"、"纪"、"世"分别指地质年代分期的第一级、第二级、第三级、第四级。地质年代分期的第一级是宙，分为太古宙、元古宙和显生宙。

太古宙是地质年代分期的第一个宙。约开始于40亿年前，结束于25亿年前。在这个时期里，地球表面很不稳定，地壳变化很剧烈，形成最古的陆地基础，岩石主要是片麻岩，成分很复杂，沉积岩中没有生物化石。晚期有菌类和低等藻类存在，但因经过多次地壳变动和岩浆活动，可靠的

回望来时路——生命进化的足迹

宙	代	纪	距今时间（百万年）	生物发展阶段	
显生宙	新生代	第四纪	1.6	人类时代	被子植物
		新第三纪	23	哺乳动物	
		老第三纪	65		
	中生代	白垩纪	135	恐龙时代 爬行动物	裸子植物
		侏罗纪	205		
		三叠纪	245		
	古生代	晚古生代	二叠纪	290	两栖动物	蕨类植物
			石炭纪	365		
			泥盆纪	410	鱼类时代	
		早古生代	志留纪	438		藻类繁盛时期
			奥陶纪	510	无脊椎动物大发展 三叶虫时代 生命大爆发	
			寒武纪	570		
隐生宙	元古代	震旦纪		动物开始出现	
		青白口纪			
		蓟县纪			
		长城纪	1800		
	太古代		2500	细菌、蓝藻时代	
			4600	生命形成时期	

◆地质年代划分图

化石记录不多。旧称太古代，原属隐生宙（隐生宙现已不使用，改称太古宙和元古宙）。

元古宙是地质年代分期的第二个宙。约开始于25亿年前，结束于5.7亿年前。在这个时期里，地壳继续发生强烈变化，某些部分比较稳定，已有大量含碳的岩石出现。藻类和菌类开始繁盛，晚期无脊椎动物偶有出现。地层中有低等生物的化石存在。旧称元古代，原属隐生宙（隐生宙现

消失的生物

◆ 地层沉积岩

◆ 片麻岩

◆ 中国地质公园——小南海

已不使用,改称太古宙和元古宙)。

显生宙是地质年代分期的第三个宙。显生宙可分为古生代、中生代和新生代。

距今6亿~2.5亿年是古生代。"古生代",意思是古老生命的时代。这时,海洋中出现了几千种动物,海洋无脊椎动物空前繁盛。以后出现了鱼形动物,鱼类大批繁殖起来。一种用鳍爬行的鱼出现了,并登上陆地,成为陆上脊椎动物的祖先。两栖类也出现了。北半球陆地上出现了蕨类植物,有的高达30多米。这些高大茂密的森林,后来变成大片的煤田。

距今2.5亿~0.7亿年的中生代,历时约1.8亿年。这是爬行动物的时代,恐龙曾经称霸一时,这时也出现了原始的哺乳动物和鸟类。蕨类植物日趋衰落,而被裸子植物所取代。中生代繁茂的植物和巨大的动物,后来就变成了许多巨大的煤田和油田。中生代还形成了许多金属矿藏。

新生代是地球历史上最新的一个阶段,时间最短,距今只有7000万年左右。这时,地球的面貌已同今天的状况基本相似了。新生代被子植物大发展,各种食草、食肉的哺乳动物空前繁盛。

1. 什么地质年代?它划分的依据是什么?
2. "宙"代表地质年代的第几级?

回望来时路——生命进化的足迹

自然界生物的大发展,最终导致人类的出现,古猿逐渐演化成现代人,一般认为,人类是第四纪出现的,距今约有240万年的历史。

人类居住的地球就是这样一步一步地一直演化到现在,逐渐形成了今天的面貌。

  小知识——古生代的具体划分

古生代作为显生宙的第一个代。约开始于5.7亿年前,结束于2.5亿年前。它又分为寒武纪、奥陶纪、志留纪、泥盆纪、石炭纪和二叠纪。

寒武纪是古生代的第一个纪,约开始于5.7亿年前,结束于5.1亿年前。在这个时期里,陆地下沉,北半球大部被海水淹没。生物群以无脊椎动物尤其是三叶虫、低等腕足类为主,植物中红藻、绿藻等开始繁盛。寒武是英国威尔士的拉丁语名称,这个纪的地层首先在那里发现。

奥陶纪是古生代的第二个纪,约开始于5.1亿年前,结束于4.38亿年前。在这个时期里,岩石由石灰岩和页岩构成。生物群以三叶虫、笔石、腕足类为主,出现板足鲎类,也有珊瑚。藻类繁盛。奥陶纪由英国威尔士北部古代的奥陶族而得名。

志留纪是古生代的第三个纪,约开始于4.38亿年前,结束于4.1亿年前。在这个时期里,地壳相当稳定,但末期有强烈的造山运动。生物群中腕足类和珊瑚繁荣,三叶虫和笔石仍繁盛,无颌类发育,到晚期出现原始鱼类,末期出现原始陆生植物裸蕨。志留纪由古代住在英国威尔士西南部的志留人得名。

◆早古生代

◆晚古生代生物

"领先一步学科学"系列

25

消失的生物

◆ 三叶虫化石

◆ 地球演化发展史

泥盆纪是古生代的第四个纪,约开始于4.1亿年前,结束于3.55亿年前。这个时期的初期各处海水退去,积聚后成沉积物。后期海水又淹没陆地并形成含大量有机物质的沉积物,因此岩石多为砂岩、页岩等。生物群中腕足类和珊瑚发育,除原始菊虫外,昆虫和原始两栖类也有发现,鱼类发展,蕨类和原始裸子植物出现。泥盆纪由英国的泥盆郡而得名。

石炭纪是古生代的第五个纪,约开始于3.55亿年前,结束于2.9亿年前。在这个时期里,气候温暖而湿润,高大茂密的植物被埋藏在地下经炭化和变质而形成煤层,故名。岩石多为石灰岩、页岩、砂岩等。动物中出现了两栖类,植物中出现了羊齿植物和松柏。

二叠纪是古生代的第六个纪,即最后一个纪。约开始于2.9亿年前,结束于2.5亿年前。在这个时期里,地壳发生强烈的构造运动。在德国,本纪地层二分性明显,故名。动物中的菊石类、原始爬虫动物,植物中的松柏、苏铁等在这个时期发展起来。

拓展思考

1. 科学家是如何知道地球年龄的?还有其他方法吗?
2. 相对地质年代和绝对地质年代是什么意思,如何确定?
3. 不同的地址年代各有哪些岩石?
4. 你能大概地描述一下不同地质年代的生物进化吗?

回望来时路——生命进化的足迹

不说话的证人——化石

科学家是怎么知道古生物存在的时间的？用保存在岩石中的化石来回答。生物死亡后，它们的遗迹在适当的条件下，就保存在岩石之中，我们把它们称作化石。地质历史中形成的岩层，就像一部编年史书，地球生物的演化历史，就深深埋藏在这些岩石之中，年代越久远的生物化石，就保存在岩层的最底层。

◆海藻化石

化石的概念

化石（英文：Fossil）一词来自拉丁语"fossilis"，意思是挖出来。简单地说，化石就是生活在遥远的过去的生物的遗体或遗迹变成的石头。在漫长的地质年代里，地球上曾经生活过无数的生物，这些生物死亡后的遗

◆古代生物化石

◆植物化石

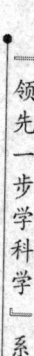
"领先一步学科学"系列

消失的生物

体或者生活时遗留下来的痕迹，许多都被当时的泥沙掩埋起来。在随后的岁月中，这些生物遗体中的有机物质分解殆尽，坚硬的部分如外壳、骨骼、枝叶等与包围在周围的沉积物一起经过石化变成了石头，但是它们原来的形态、结构（甚至一些细微的内部构造）依然保留着；同样，那些生物生活时留下的痕迹也可以这样保留下来。我们把这些石化的生物遗体、遗迹就称为化石。

> 远古生物死亡以后，被迅速掩埋在地下，皮肉糜烂消失，而骨、角、齿等硬体部分则在经历一番"石化作用"后，变成了石头模样。

从化石中可以看到古代动物、植物的样子，从而可以推断出古代动物、植物的生活情况和生活环境，可以推断出埋藏化石的地层形成的年代和经历的变化，可以看到生物从古到今的变化等等。

化石的形成条件

◆恐龙脚印化石

虽然一个生物是否能形成化石取决于许多因素，但是有三个因素是基本的：

1. 有机物必须拥有坚硬部分，如壳、骨、牙或木质组织。然而，在非常有利的条件下，即使是非常脆弱的生物，如昆虫或水母也能够变成化石。但生物必须在死后立即避免被毁灭。

2. 如果一个生物的身体部分被压碎、腐烂或严重风化，这就可能改变或取消该种生物变成化石的可能性。

3. 生物必须被某种能阻碍分解的物质迅速地埋藏起来。而这种掩

回望来时路——生命进化的足迹

埋物质的类型通常取决于生物生存的环境。海生动物的遗体通常都能变成化石，这是因为海生动物死亡后沉在海底，被软泥覆盖。软泥在后来的地质时代中则变成页岩或石灰岩。较细粒的沉积物不易损坏生物的遗体。在德国的侏罗纪的某些细粒沉积岩中，很好地保存了诸如鸟、昆虫、水母这样一些脆弱的生物的化石。

化石的演变过程

人们已知道，由附近火山落下的火山灰曾覆盖过整片森林，在森林化石中有时还可见到依然站立的树，以很好的姿态被保存下来。流沙和焦油沥青通常也能迅速把动物掩埋起来。焦油沥青的行为好像一个捕获野兽的陷阱，又像防腐剂能阻止动物坚硬部分的分解。洛杉矶的兰乔·拉·布雷沥青湖由于在其中发现许多骨化石而闻名，在其中发现的骨化石包括长着锐利牙齿的野猪、巨大的陆地树懒以及其他已经灭绝的动物。在冰期生存的某些动物的遗体被冻结在冰或冻土之中。显然，被冰冻的动物有的可以保存下来。

◆辽西出土的恐龙化石

地球上曾有众多人们并不知道的生物生存过，而只有少数生物留下了化石。然而，使生物变成化石的条件即使都满足了，仍然还有其他原因使得某些化石从未被人们发现过。例如，很多化石由于地面剥蚀而被破坏掉，或它的坚硬部分被地下水分解了。还有一些化石可能被保存在岩石中，但由于岩石经历了强烈的物理变化，如褶皱、断裂或熔化，这种变化可以使含化石的海相石灰岩变为大理岩，而原先存在于石灰岩中的生物的任何痕迹会完全或几乎完全消失。

再者，当我们向过去回溯的时间越久远，化石记录缺失的时间间隔越

 消失的生物

长，岩石越老，受到破坏性力量的机会就越多，化石也就越加不可辨认。而且由于较古老的生物和今天的生物不同，因而对它们进行分类就很困难，这一情况使问题进一步复杂化了。然而尽管如此，大量保存下来的生物化石，仍为我们认识过去提供了很好的证据。

 知识窗

世界古生物化石宝库

中国辽西是享誉世界的中生代珍稀生物化石富集地区，是世界自然遗产最珍贵的一部分，被誉为"世界古生物化石宝库"。辽西一带的古生物化石分布最广，埋藏数量最大，生物数量最大，生物种类最多，化石保存最精美，科研价值最高，几乎每一种新发现都令古生物科学家惊叹不已。

化石的分类

地层中的化石，从其保存特点看，可大致分为四类：实体化石、模铸化石、遗迹化石和化学化石。

1. 实体化石。它指古生物遗体本身几乎全部或部分保存下来的化石。原来的生物在特别适宜的情况下，避开了空气的氧化和细菌的腐蚀，其硬体和软体可以比较完整地保存而无显著的变化，例如猛犸象（第四纪冰期西伯利亚冻土层中，于1901年发现，25000年以前，不仅骨骼完整，连

◆内模化石——海扇蛤化石

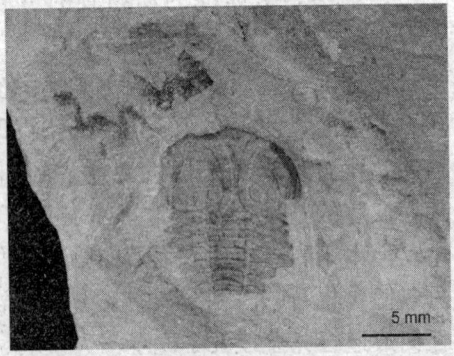
◆外模化石——云南头虫

回望来时路——生命进化的足迹

皮、毛、血肉，甚至胃中食物都保存完整）。

2. 模铸化石。就是生物遗体在地层或围岩中留下的印模或复铸物。

第一类是印痕，即生物遗体陷落在底层所留下的印迹。最常见的就是植物叶子的印痕。

第二类是印模化石，包括外模和内模两种，外模是遗体坚硬部分（如贝壳）的外表印在围岩上的痕迹，它能够反映原来生物外表形态及构造；内模指壳体的内面轮廓构造印在围岩上的痕迹，能够反映生物硬体的内部形态及构造特征。

第三类叫做核，上面提到的贝壳内的泥沙充填物称为内核，它的表面就是内模，内核的形状大小和壳内空间的性状大小相等，是反映壳内面构造的实体。如果壳内没有泥沙填充，当贝壳溶解后会留下一个与壳同形等大的空间，此空间如再经充填，就形成与原壳外形一致、大小相等而成分均一的实体，即称外核。外核表面的形状和原壳表面一样，是由外模反印出来的，它的内部则是实心的，并不反映壳的内部特点。

◆恐龙足迹化石

化石又可以分为：标准化石、指相化石、带化石、持久化石和化石钟（古生物钟）。

第四类是铸型，当贝壳埋在沉积物中，已经形成外模及内核后，壳质全被溶解，而又被另一种矿质填入，像工艺铸成的一样，使填入物保存贝壳的原形及大小，这样就形成了铸型。它的表面与原来贝壳的外饰一样，它们内部还包有一个内核，但壳本身的细微构造没有保存。

总的来说，外模和内模所表现的纹饰凹凸情况与原物正好相反。外核

消失的生物

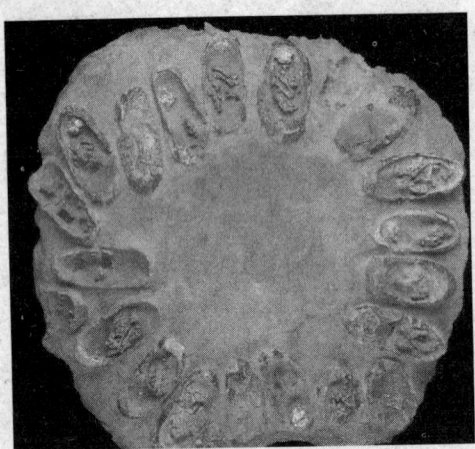

◆遗迹化石——恐龙蛋窝化石

◆特殊化石——精美的琥珀化石

与铸型在外部形状上和原物完全一致，但原物的内部构造被破坏消失，其物质成分与原物也不同。至于外核和铸型的区别在于前者内部没有内核，而后者内部还含有内核。

3. 遗迹化石。它指保留在岩层中的古生物生活活动的痕迹和遗物。遗迹化石中最重要的是足迹，此外还有节肢动物的爬痕、掘穴、钻孔以及生活在滨海地带的舌形贝所构成的潜穴，均可形成遗迹化石。遗物化石方面，往往指动物的排泄物或卵（蛋化石）；各种动物的粪团、粪粒均可形成粪化石。我国白垩纪地层中恐龙蛋世界闻名，过去在山东莱阳地区以及近年来在广东南雄均发现成窝垒叠起来的恐龙蛋化石。

4. 化学化石。古代生物的遗体有的虽被破坏，未保存下来，但组成生物的有机成分经分解后形成的各种有机物如氨基酸、脂肪酸等仍可保留在岩层中，这种视之无形，但具有一定的化学分子结构，足以证明过去生物的存在的化石称为化学化石。随着近代化学研究的进展，科学技术的提高，古代生物的有机分子（指氨基酸等）可从岩层中分离出来，进行鉴定研究，同时产生了一门新的学科——古生物化学。

5. 特殊的化石。琥珀——古代植物分泌出的大量树脂，其黏性强、浓度大，昆虫或其他生物飞落其上就被粘住。粘住后，树脂继续外流，昆虫身体就可能被树脂完全包裹起来。在这种情况下，外界空气无法透入，整

回望来时路——生命进化的足迹

个生物未经什么明显变化保存下来，这就是琥珀。

 原理介绍

贝壳化石内外模的形成

贝壳埋于砂岩中，其内部空腔也被泥沙充填，当泥沙固结成岩而地下水把壳溶解之后，在围岩与壳外表的接触面上留下贝壳的外模，在围岩与壳的内表面的接触面上留下内模。

 知识窗

最古老的化石

最古老的生物化石是来自澳大利亚西部，距今约35亿年前的岩石，这些化石类似于现在的蓝藻，它是一些原始的生命，是肉眼看不见的。它的大小只有几微米到几十微米，因此我们可以说，生命起源不晚于35亿年。

 拓展思考

1. 动植物死亡后的遗体在什么样的条件下可以变成化石？
2. 化石种类有哪些？
3. 你知道琥珀是如何形成的吗？
4. 你见过化石吗？你能从化石中读出哪些信息？

消失的生物

探索生物和地质演变
——古生物学

◆古生物化石

在公元前5～前3世纪中国战国时代的《山海经》中，已有关于脊椎动物化石的记载。公元5世纪，东晋沈怀远的《南越志》中有关于鱼类化石的记载。宋代沈括在《梦溪笔谈》中除对化石作了科学说明外，还论证了古地理、古气候的变迁问题。意大利画家达·芬奇在地层中发现了海生贝壳化石，认为这些化石是过去生活在海滨的生物的遗骸。18世纪，瑞典生物学家林奈创立了"双名法"，并建立了生物的系统分类，但他坚持物种不变论。

随着时间的推移，人类对古生物的研究变得越来越深入，现在就让我们一起漫步古生物学的科学领域吧。

古生物学概述

古生物学是生命科学和地球科学汇合的交叉科学。既是生命科学中唯

> **科技链接**
>
> 随着学科间渗透、交叉，古生物学的研究范围已超出地质学和生物学，向着天文学、物理学等方向扩展。

回望来时路——生命进化的足迹

一具有历史科学性质的时间尺度的一个独特分支，研究生命起源、发展历史、生物宏观进化模型、节奏与作用机制等历史生物学的重要基础和组成部分；又是地球科学的一个分支，研究保存在地层中的生物遗体、遗迹、化石，用以确定地层的顺序、时代，了解地壳发展的历史，推断地质史上水陆分布、气候变迁和沉积矿产形成与分布的规律。

根据研究对象的不同，古生物学分为古植物学和古动物学两大分支。随着近代生产发展的需要和科学研究的深化，古植物学分出了古孢粉学和古藻类学；古动物学分出了古无脊椎动物学和古脊椎动物学；古人类学既是人类学的分支学科，又是古脊椎动物学的分支学科；根据个体微小的动植物化石或大生物体微小部分的研究，又形成了微体古生物的分支学科，在理论和实践上显示出重要的意义。

◆会飞生物的化石和复原图

古生物学的发展简史

◆古海洋生物化石

对化石的认识，在中国和西方都已有千年以上的历史，但古生物学成为科学则始于18世纪后期，约有200年历史。这门科学的奠基者包括：拉马克（无脊椎动物学）、史密斯（生物地层学）、居维叶（提出相关律及灭绝、灾变等概念）、达尔文（他的进化论为古生

35

 消失的生物

物学提供了科学的理论基础，同时指出了"化石记录的不完整性"这一缺陷）。

 名人介绍：法国动物学家——居维叶

◆居维叶

居维叶（1769～1832年），法国动物学家，比较解剖学和古生物学的奠基人。生于蒙贝利亚尔，卒于巴黎。居维叶自幼被认为是神童，4岁就能读书，14岁进入斯图加特大学。由于他奇迹般的记忆力、极其严格的科学训练和执著的学习热情，他18岁就学有所成，开始出任诺曼底大学的助教。居维叶的一生经过了大革命、执政府、帝政和王政时期。他在一生中的大部分时间，传奇般地同时身兼科学家、社会活动家、政治家等多种职业。他多次出任政府的大臣、部长等职位，但由于对时间和精力的充分利用，他同时在科学上做出了惊人的成就。他留下的不朽遗产，主要是那些堪称经典的比较解剖学、古生物学、动物分类学和科学组织各方面的著作。居维叶著述之繁多，收集材料之广泛，为世人所罕见。居维叶生前的影响遍及西方世界，被当时的人们誉为"第二个亚里士多德"。

 知识窗——古生物学研究的突破

从20世纪中叶以后，古生物学有一些重大的突破：1. 电子显微镜、特种摄影技术的应用和石油勘探的需要，使一些新分支飞快发展起来，这包括微体和超微古生物学、古生物化学、化石岩石学等；2. 在大量资料积累的基础上，古生物理论研究发生飞跃，最早是辛普森和迈尔基于遗传学和进化论对古生物进化理论的综合。20世纪60年代后，由于板块理论为古生物学提供了统一的全球地质

回望来时路——生命进化的足迹

背景，又向古生物学提出了要求。由于生物学上一些新的发展（中性学说、分支系统学等），古生物学在进化论、系统分类学、古生物地理学等方面出现了许多新思潮。

从那时以后到20世纪中叶的百余年间，古生物学的主流是描述古生物学和生物地层学。这方面的成就是巨大的。先是西欧、北美，然后苏联、东欧、日本、中国、印度，以至世界其他地区都出版了大量的古生物和生物地层专著，为古生物学的综合研究提供了事实基础。这个时期古生物学其他方面的发展不显著，原因之一是现代生物学（遗传学，分子生物学）的发展还没有渗透进来，在地质学中也缺乏能为古生物学指明道路的统一理论格架。

古生物学的研究方法

古生物学的研究对象是化石。对化石的研究包括野外和室内两个阶段。野外阶段主要是采集标本和收集观察资料。采集和观察，总的要求是量多质好，具体要求随研究任务而定，例如作生物地层研究，就要求选择良好剖面，逐层寻找和采集化石，同时进行测量，逐层观察并记录岩性和化石产出情况，同时对岩石、化石标本进行编录包装。如果是作古生态研究，除一般生物地层工作外，还要着重观察收集古生物的分布、埋葬、群落结构等资料，往往要在野外进行定量的采集和观察，并多作素描和照相。

室内阶段包括对化石的鉴定描述和专题研究。鉴定描述包括磨制、修

◆始祖鸟复原图

消失的生物

理、鉴定、照像、描述等一系列程序，所使用的分类法和描述程序与生物学相同，命名法（二名法、优先律等）也遵循"国际动（植）物命名法规"的规定。在此基础上，再进行某一学科方向的专题研究。

达尔文的名言

我能成为一个科学家，最主要的原因是：对科学的爱好；思索问题的无限耐心；在观察和搜集事实上的勤勉；一种创造力和丰富的常识。

我在科学方面所做出的任何成绩，都只是由于长期思索、忍耐和勤奋而获得的。

古生物学的的研究内容

◆货币虫雕塑

一、古生物的进化。古生物是地史时期的生物，也遵循达尔文进化论的原则。进化论所指明的进化方式——分支进化、阶段进化、辐射适应、趋异进化、趋同进化、平行进化、动态进化等同样适用于古生物。除此以外，古生物进化有自己的规律和特点。比较重要的规律有：

1. 不可逆律，为比利时古生物学家多洛所提出。它指出，无论是生物体或其器官，一经演变再不可能在以后生物界中恢复，一经消失也不可能再在后代或别处重现。

2. 相关律，为法国古生物学家居维叶所提出。它指出，生物体的各部分发展是相互密切联系的，某部分发生变化，也会引起其他部分相应的变化。

3. 重演律，为德国生物学家赫克尔所提出。它指出个体发育是系统发生的简短重演。根据重演律，可以从个体发育追溯生物所属群类的系统发

回望来时路——生命进化的足迹

生，从而建立系谱，有助于正确分类。

二、进步性进化。古生物的进化有宏观上的不断进步和阶段性进化的特点。进步性进化指生物界历史总的是由少到多、由低级到高级、由简单到复杂的趋势。植物、无脊椎动物、脊椎动物分别呈现同样趋势。

三、阶段性进化。系列短期的突变（间断）与长期的渐变（平衡）交替发生的过程。突变是由于旧门类的大规模灭绝和紧接着的新门类的爆发式新生和辐射适应；在新门类产生后，可以有一长期的稳定发展的渐变期，直至下一个间断。大规模灭绝是指许多门类在地球上大部分地区在同一地质时期内灭绝。

四、古生物的分类系统。古生物的分类阶元与生物学相同，即界、门、纲、目、科、属、种，其间还有一些辅助单位如超科、超目、超纲、超门（生物学称总科、总目）、亚种、亚属、亚科、亚目、亚纲、亚门等。

五、古病理学。是关于化石遗体中病理现象的科学。大多数限于脊椎动物中，已知的有生长过速、牙齿畸形和龋齿、骨折及骨痂、骨疽、新关节增生、牙瘤、角弓反张、骨瘤、骨软化症、骨髓炎、骨膜炎、骨关节炎、骨骼及颌部肥厚、脊椎变形、骨结核等病理现象，主要见于恐龙和哺乳动物中。植物与无脊椎动物的病理现象亦有报道，例如软体动物中的寄生物病。

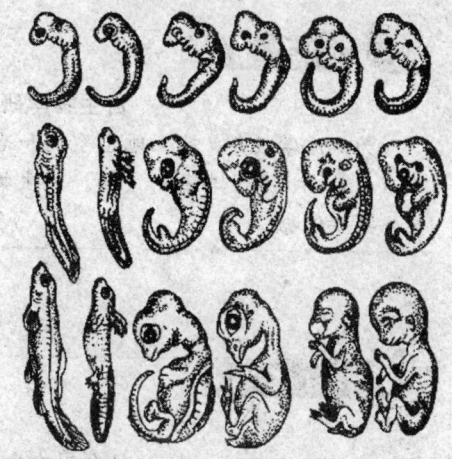

鱼　蝾螈　龟　鸡　猪　人

◆从鱼类到哺乳类动物胚胎发育早期阶段非常相似，说明它们有共同的祖先，因为动物的胚胎发育在一定程度上重复着本物种的进化历程。

◆恐龙的灭绝

 消失的生物

 万花筒

古生物学研究的意义

为地质学服务，建立地层系统和地质年代表：这是古生物学在地质学中应用最广、成效卓著的方面。为生物学服务，为生命起源学说和进化论提供事实依据。

 知识窗

什么是古生物地理学？

古生物地理学是研究古生物地理分布的科学。近年来发展迅速，被广泛应用于古地理和古环境的重建、板块运动历史以至矿产形成分布的探讨。目前主要研究内容是各时代的古生物地理区系，目前全世界显生宙各纪的区系已初具轮廓。

 拓展思考

1. 古生物学主要研究哪些内容？
2. 你知道研究古生物学的科学家吗？他们有哪些主要成就？
3. 什么是生物间断性进化？
4. 古生物学家因何而知道化石生物生前得什么疾病，如何死亡的？

回望来时路——生命进化的足迹

6亿年前海洋中发生什么
——寒武纪生命大爆发

19世纪的地质学家们在石头中摸索了很久，终于为大地建立起一套时间尺标。而后，他们发现，生命在这把尺子上似乎有一个开端。但是，动物化石记录在地层中并非一直存在。后来，随着古生代地层体系在一片争吵声中逐渐建立起来，大家意识到寒武系地层似乎是生命活动的一个截然的底界；更靠下，也就是更

◆寒武纪生命大爆发

古老的地层中，突然就变成了一片沉寂。为什么？是因为工作还不够，更早的化石尚未被发现？是因为最早的生物难以保存为化石？还是说在寒武纪之前，地球根本就是没多少生命的沉寂荒原？

带着这些疑问，让我们一起走进古生物学和地质学上的一大悬案——寒武纪生命大爆发。

困扰学术界的"寒武爆发"

被称为古生物学和地质学上的一大悬案——寒武纪生命大爆发，自达尔文以来就一直困扰着进化论等学术界。

大约6亿年前，在地质学上称做寒武纪的开始，绝大多数无脊椎动物门在几百万年的很短时间内出现了。这种几乎是"同时"地、"突然"地出现在寒武纪地层门类众多的无脊椎动物化石（节肢动物、软体动物、腕足动物和环节动物等）中，而在寒武纪之前更为古老的地层中长期以来却

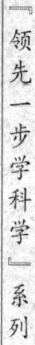

消失的生物

◆寒武纪时期的海洋是无脊椎动物的乐园

◆寒武纪的生物软体印痕化石,这种化石最为珍贵,因为这种化石很难保存。

找不到动物化石的现象,被古生物学家称作"寒武纪生命大爆发",简称"寒武爆发"。

达尔文在其《物种起源》一书中提到了这一事实,并大感迷惑。他认为这一事实会被用作反对其进化论的有力证据。但他同时解释道,寒武纪的动物一定是来自前寒武纪动物的祖先,是经过很长时间的进化过程产生的;寒武纪动物化石出现的"突然性"和前寒武纪动物化石的缺乏,是由于地质记录的不完全或是由于老地层淹没在海洋中的缘故。

然而地质学和古生物学的发展并未如达尔文所料。远征考察接二连三,基础研究突飞猛进,而寒武纪的突然性却随着化石的增加而愈发明显,愈发引人注目。确实,生命的起源年限不断上移,而今已经抵达38亿年前;但是那些全都是单细胞生命,而多细胞生物似乎却顽固地止步于5亿多年前的寒武纪早期附近。

小知识

寒武纪(Cambrian)是在地质时间上为距今5.7亿～5.05亿年的古生代初期的一段地质时间。

回望来时路——生命进化的足迹

 万花筒

> 1899年，古生物学家查理·沃科特在蒙大拿前寒武地层中发现一些垂直的管道，看起来很像蠕虫钻出来的；但是这些虫子本身并没有留下任何化石，因而也无法排除非生物作用形成的可能性。何况，比起寒武纪化石而言，这种例子太少了，并不能说明多细胞生物在前寒武地层的存在。

"寒武爆发"前夜

埃迪卡拉动物群是生物学家于1947年在澳大利亚中南部地区的庞德砂岩层中首先发现的。最初人们未能确定这一动物群的时代，后来终于确定为前寒武纪，年龄为6.7亿年。

埃迪卡拉动物群的24种低等无脊椎动物，多保存为印痕化石，尽管它们的形态、结构都很原始，但它们被认为是20世纪古生物学最重大的发现之一。这一发现使科学界摒弃了长期以来认为在寒武纪之前不可能出现后生动物化石的传统观念。所谓后生动物，即是指相对于原生动物的各种多细胞动物。

埃迪卡拉动物群包含了多种形态奇特的动物化石：身体巨大而扁平、多呈椭圆形或条带形，具有平滑的有机质膜，是人们迄今为止发现的最古老、最原始的化石，也是在太古代地层中发现的最有说服力

◆埃迪卡拉时期海洋环境复原图，化石中发现很多像水母一样的生物与现代水母很相似。

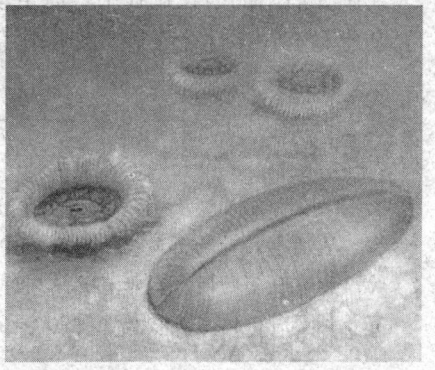

◆埃迪卡拉水母群

消失的生物

◆埃迪卡拉动物没有眼睛和骨骼，身体大多扁平状，是多细胞动物组合。

有生物学家将埃迪卡拉动物群分为辐射状生长、两极生长和单极生长3种类型。

的生物证据。

尽管有关埃迪卡拉动物群的性质还有许多争议，但其奇怪的形态令许多学者相信，这个动物群是后生动物出现后的第一次适应辐射，它们采取的是不同于现代大多数动物采取的形体结构变化方式。不增加内部结构的复杂性，只改变躯体的基本形态，变得非常薄，成条带状或薄饼状，使体内各部分充分接近外表面，在没有内部器官的情况下进行呼吸和摄取营养。

现代大多数动物采取的是保持浑圆或球形的外部形态的同时，进化出复杂的内部器官来扩大相应的表面积（如肺、消化道）。从化石上可以看出，这些埃迪卡拉动物群里的生物已具有了高度分化的组织和器官，说明它们已不是最原始的类型。它们代表了后生动物出现以后的第一次辐射演化。因此，可以认为埃迪卡拉动物群是在元古宙末期大气氧含量较低的条件下后生动物大规模占领浅海的一次尝试，结果失败了，而导致灭绝。在后来的演化过程中，后生动物采取了第二种方式，向内部器官的复杂化和物种多样化发展，即生物系统演化。

知识窗

埃迪卡拉动物群的种类

埃迪卡拉动物群包含三个门，19个属。三个门是：腔肠动物门，环节动物门和节肢动物门。水母有7属9种；水螅纲有3属3种；海鳃目（珊瑚纲）有3属3种；钵水母2属2种；多毛类环虫2属5种；节肢动物2属2种。

"寒武爆发"的原因探讨

寒武爆发吸引了无数的古生物学家和进化论者去寻找证据探讨其起因。

100多年以来的证据产生出解释寒武爆发的两种基本观点。一种观点认为，寒武爆发是一种假象，这是某些达尔文或新达尔主义者所持的观点。由于进化是渐进的，所谓的"爆发"只是表明首次在生物化石记录中发现了早在前寒武纪就已经广泛存在并发展的生物，其他的生物化石群则可能由于地质记录的不完全而"缺档"，造成这种"缺档"的原因是前寒武纪地层经历着热与压力，其中的化石被销毁了。由于发现前寒武纪化石沉积层中存在大量像细菌和蓝藻这样简单的原核生物，因而这一解释不再有说服力。另一种观点认为，寒武爆发代表了生物进化过程中的真实事件，科学家从物理环境和生态环境的变化两个方面来解释这一现象。

生物学家则从生物本身的生态关系来探讨这一问题，因为地质学的证据否定了氧理论的观点。大约在距今10亿年至20亿年之间广泛沉积层中含有大量严重氧化的岩石，说明在这一时期内已经存在足够生命爆发的氧条件。因而生物学家从两个重要事件的出现来探索造成寒武爆发

◆寒武纪生命大爆发

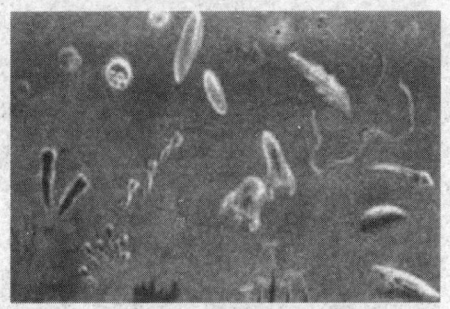
◆寒武纪之前细菌和蓝藻开始繁盛，后来又出现了红藻、绿藻等真核藻类。

◆有学者认为前寒武纪藻类进行光合作用使大气中含氧量越来越多，从而引发地球生命的辉煌。

消失的生物

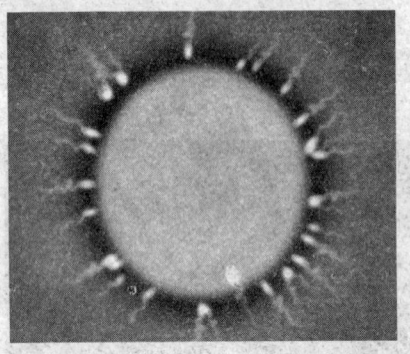

◆有学者认为寒武纪时期出现了精卵结合的有性生殖，促进了生物的变异，加速了生物的进化，从而导致生物种类的大爆发。

◆寒武纪海洋中的巨无霸——奇虾，但不是真正的虾，而是当时海洋中最大最凶猛的肉食动物，体长可达2米，是顶级收割者。

◆寒武纪生命的艺术复原图

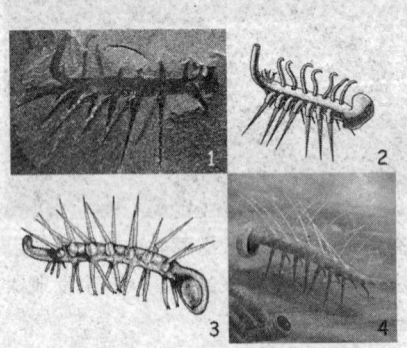

◆寒武纪奇怪的生物——怪诞虫

的原因，即有性生殖的产生和生物收割者的出现。

从化石资料来看，真核藻类大约在9亿年前出现了有性生殖，实际上，有性生殖出现得更早。有性生殖的发生在整个生物界的进化过程中有着极其重大的作用，由于有性生殖提供了遗传变异性，从而有可能进一步增加了生物的多样性，这是造成寒武爆发的原因之一。

"生物收割者"假说是美国生态学家斯坦利提出的，是一种解释寒武爆发的生态学理论，即收割原则。斯坦利认为，在前寒武纪的25亿年的多数时间里，海洋是一个以原核蓝藻这样简单的初级生产者所组成的生态系统。这一系统内的群落在生态学上属于单一不变的群落，营养级也是简单唯一的。由于物理空间被这种种类少但数量大的生物群

回望来时路——生命进化的足迹

落顽强地占据着,所以这种群落的进化非常缓慢,从未有过丰富的多样性。寒武爆发的关键是草食收割者的出现和进化,即食用原核细胞(蓝藻)的原生动物的出现和进化。收割者为生产者有更大的多样性制造了空间,而这种生产者多样性的增加又导致了更特异的收割者的进

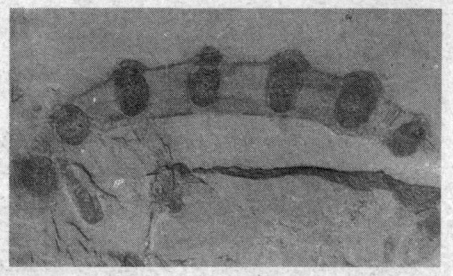
◆微网虫化石

化。营养级金字塔按两个方向迅速发展:较底层次的生产者增加了许多新物种,丰富了物种多样性,在顶端又增加了新的"收割者",丰富了营养级的多样性。从而使得整个生态系统的生物多样性不断丰富,最终导致了寒武纪生命大爆发的产生。

对于"收割理论",科学家们目前还没有找到直接的证据来证明其正确性,然而一些间接的证据却支持了这一理论。间接证据之一来自于前寒武纪叠层石,这些由藻类组成的叠层石中保存了前寒武纪最丰富的生产者群落。今天,叠层石仅盛产于缺少后生动物收割者的贫瘠环境中,如超盐量的咸水湖中。藻类在前寒武纪地层中的大量存在,大概反映了当时收割者的贫乏。另外,生态学野外研究也提供了一些间接的证据,研究表明,在一个人工池塘中,放进捕食性鱼,会增加浮游生物的多样性;从多样的藻类群落中去掉海胆,会使某一藻类在该群落中占统治地位而多样性下降。

寒武爆发作为地史上的第二大悬案,一直为人们所关注。随着化石的不断发现及新理论的建立,这一谜团最终将大白于天下。

广角镜

1965年,两位美国物理学家提出了寒武爆发是由于地球大气的氧水平这个物理因素造成的。他们认为,在早期地球的大气中含有很少或根本就没有自由氧,氧是前寒武纪藻类植物光合作用的产物并逐渐积累形成的。后生动物需要大量的氧,一方面用于呼吸作用,另一方面氧还以臭氧的形式在大气中吸收大量有害的紫外线,使后生动物免于有害辐射的损伤。

"领先一步学科学"系列

47

消失的生物

小知识

通过两性生殖细胞的结合而产生受精卵，这种方式叫作有性生殖。

知识库——云南澄江动物群

◆云南澄江动物群化石发现地

寒武爆发的典型代表是被称为20世纪最惊人的科学发现之一的我国云南澄江动物群，它是世界上目前所发现的最古老、保存最为完整的带壳后生动物群。该动物群是我国青年古生物学家侯先光1984年在云南澄江县帽天山首先发现的。

这是一个内容十分丰富、保存非常完美、距今约5.7亿年的化石群，其成员包括水母状生物、三叶虫、具附肢的非三叶的节肢动物、金臂虫、蠕形动物、海绵动物、内肛动物、环节动物、无绞纲腕足动物、软舌螺类、开腔骨类，以及藻类等，甚至还有属于低等脊索动物或半索动物（如著名的云南虫）等。由于许多动物的软组织保存完好，为研究早期无脊椎动物的形态结构、生活方式、生态环境等提供了极好的材料，同时也成为了探索地球上大壳后生动物爆发事件的重要窗口。

◆抚仙湖虫是澄江动物群中特有的化石，成虫体长10厘米，外骨骼分为头、胸、腹三部分，是食泥动物，抚仙湖虫是昆虫的远祖。

经我国科学家深入研究后，该动物群充分显示出寒武纪早期的生物多样性，将绝大多数现生动物门的演化历史追溯到寒武纪开始，为揭示早期生命演化"寒武纪大爆发"的奥秘提供了珍贵的证据，因而在国际上被誉为"20世纪最惊人的科学发现之一"。

回望来时路——生命进化的足迹

自然选择，适者生存
——生物进化学说

地球上关于生物的起源有着各种各样的说法。比如西方流传的"神创论"认为，地球上的各种生物，包括人类在内，都由神所创造，上帝当初创造多少物种，地球上现在就有多少物种，既不增加，也不减少。显然，这类观点不是从自然界客观存在的实际出发，而是从某些人的主观想象、从偏见出发，根据一知半解的知识和自然界的一些表面现象编造出来的唯心主义说教。

生物进化论是关于生物界历史发展一般规律的科学。现在就让我们一起来解读生物进化论的观点吧。

◆北京大学出版社出版的《物种起源》

生物进化论阐述一切生命形态发生、发展的演变过程。"进化"一词来源于拉丁文 evolution，原义为"展开"，一般用以指事物的逐渐变化、发展，由一种状态过渡到另一种状态。1762年，瑞士学者邦尼特最先将此词应用于生物学中。

进化思想的发展

古代人们在栽培植物和驯养动物的生产实践中，积累了关于生物的形态、构造和生活习性的知识，注意到生物机体的变化以及生物与环境的关系，逐步形成了朴素的生物进化思想。古希腊的亚里士多德通过对他那个

消失的生物

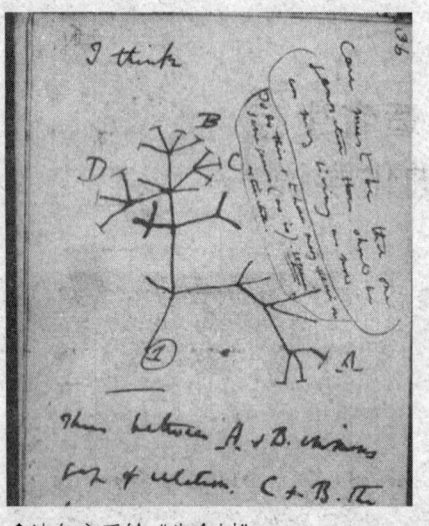

◆ 达尔文手绘"生命树"

时代有关动物的知识的系统整理,把540种动物按性状的异同分为有血的和无血的两大群,每群之下又分为若干类。他进一步提出生物等级即生物阶梯的观念,认为自然界所有生物形成一个连续的系列,即从植物一直到人逐渐变得完善起来的直线系列。中国战国时期汇集的《尔雅》一书记载了生物类型的变化;汉初的《淮南子》一书,不仅对动植物作了初步分类,而且提出各类生物是由其原始类型发展而来的。

万花筒

中国人眼中的达尔文

1871年,我国学者华蘅芳和美国传教士玛高文合作翻译的《地学浅释》曾提到过达尔文和拉马克,并简要介绍过他们的进化思想。但传教士传播过程中有意回避了达尔文进化论的核心观点——自然选择理论。一直到严复根据赫胥黎的《进化论与伦理学及其他论文》编译出版了《天演论》,达尔文学说才真正在中国产生重要的影响。

进化论的诞生

近代科学诞生以前,进化思想发展缓慢,当时广为流行的是神创论和物种不变论。这种观点直到18世纪仍在生物学中占统治地位,其代表人物是瑞典植物学家林耐(1707~1778年)。他所提出的分类系统虽然有助于揭示生物物种之间的历史联系,但他却把物种看作是上帝创造的不可改变的产物。

随着生产和科学的发展,积累了许多新的与物种不变相矛盾的事实。在大量事实的影响下,甚至像林耐这样坚定的神创论者,在晚年也不得不

回望来时路——生命进化的足迹

承认杂交的结果能产生新种。1809年，法国学者拉马克（1744～1829年）在其《动物学哲学》中，用环境作用的影响、器官的用进废退和获得性的遗传等原理解释生物进化过程，创立了第一个比较严整的进化理论。1859年达尔文发表《物种起源》一书，论证了地球上现存的生物都由共同祖先发展而来，它们之间有亲缘关系，并提出自然选择学说以说明进化的原因，从而创立了科学的进化理论，揭示了生物发展的历史规律。

◆瑞典发行的林耐纪念邮票

法国学者布丰的观点

和林耐的观点相反，法国学者布丰（1707～1788年）相信物种是变化的，现代的动物是少数原始类型的后代。他把有机体与居住环境联系起来，认为气候、食物和人的驯养等因素可引起动物性状的变异。

 名人介绍——伟大的达尔文

◆达尔文

查尔斯·罗伯特·达尔文，英国生物学家，进化论的奠基人。曾乘贝格尔号舰作了历时5年的环球航行，对动植物和地质结构等进行了大量的观察和采集。出版《物种起源》这一划时代的著作，提出生物进化论学说，从而摧毁了各种唯心的神造论和物种不变论。除了生物学外，他的理论对人类学、心理学及哲学的发展都有不容忽视的影响。澳大利亚有以达尔文命名的城市。

19世纪80年代以来，以魏斯曼（1834～1914年）为代表的新达尔文主义，把种质论

消失的生物

和自然选择学说相结合，丰富了达尔文的进化理论。20世纪30年代以来，以杜布尚斯基（1906～1975年）等人为代表的综合进化论综合了细胞遗传学、群体遗传学以及古生物学等学科的成就，进一步发展了以自然选择为核心的进化理论。20世纪60年代末，日本学者木村资生等人提出中性学说，又在分子水平上揭示了进化的某些特征，补充、丰富了进化论。

进化的进步性

◆进化的过程非常神奇

地球上的生命，从最原始的无细胞结构生物进化为有细胞结构的原核生物，从原核生物进化为真核单细胞生物，然后按照不同的方向发展，出现了真菌界、植物界和动物界。植物界从藻类到裸蕨植物再到蕨类植物、裸子植物，最后出现了被子植物。动物界从原始鞭毛虫到多细胞动物，从原始多细胞动物到出现脊索动物，进而演化出高等脊索动物——脊椎动物。脊椎动物中的鱼类又演化到两栖类再到爬行类，从中分化出哺乳类和鸟类，哺乳类中的一支进一步发展为高等智慧生物，这就是人。

生物界的历史发展表明，生物进化是从水生到陆生、从简单到复杂、从低等到高等的过程，从中呈现出一种进步性发展的趋势。一般来说，进化过程的进步具有如下特征：

1. 在生物界的前进运动中，可以看到不同层次的形态结构的逐步复杂化和完善化；与此相应，生理功能也愈益专门化，效能亦逐步增高。

2. 从总体上看，遗传信息量随着生物的进化而逐步增加。

3. 内环境调控的不断完善及对环境分析能力和反应方式的发展，加强了机体对外

◆神奇的生物DNA

回望来时路——生命进化的足迹

界环境的自主性,扩大了活动范围。

生物进化的道路是曲折的,表现出种种特殊的复杂情况。除进步性发展外,生物界中还存在特化和退化现象。

有些研究者对进化的进步性表示怀疑,认为进步性不是进化的基本特征,也不是进化的本质。科学研究证明,进化不全都引起进步,进化过程中也有退化,但从有机界总的进化过程看,进步性发展是进化的主流和本质。

 小知识

特化不同于全面的生物学的完善化,它是生物对某种环境条件的特异适应。这种进化方向有利于一个方面的发展却减少了其他方面的适应性,如马由多趾演变为适于奔跑的单蹄。当环境条件变化时,高度特化的生物类型往往由于不能适应而灭绝,如爱尔兰鹿,由于过分发达的角对生存弊多利少,以至终于灭绝。对寄生或固有生活方式的适应,也可使机体某些器官和生理功能趋向退化。如有一种深海寄生鱼,雄体寄生在雌体上,雄体消化器官退化,唯有精巢特别胀大,以保证种族繁衍。

进化的方式

生物界各个物种和类群的进化,是通过不同方式进行的。物种形成(小进化)主要有两种方式:一种是渐进式形成,即由一个种逐渐演变为另一个或多个新种;另一种是爆发式形成,即多倍化种形成。这种方式在有性生殖的动物中很少发生,但在植物的进化中却相当普遍,世界上约有一半左右的植物种是通过染色体数目的突然改变而产生的多倍体。物类形成(大进化)常常表现为爆发式的进化过程,从而使旧的类型和类群被迅速发展起来的新生的类型和类

◆生物进化不是一帆风顺的,充满了曲折,也存在退化,但进步性的主流没有变。

消失的生物

群所替代。

生物的进化既包含有缓慢的渐进，也包含有急剧的跃进；既是连续的，又是间断的。整个进化过程表现为渐进与跃进、连续与间断的辩证统一。

 知识库——渐进进化

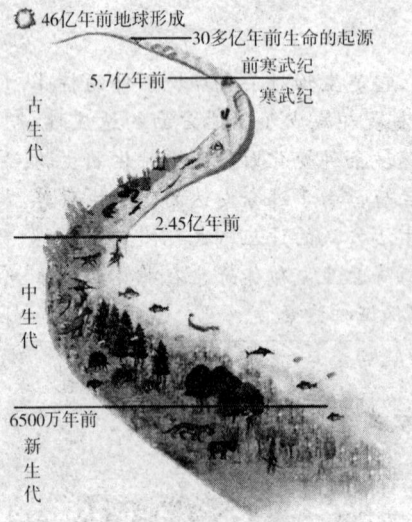

◆生物进化直观图

20世纪70年代以来，一些古生物学者根据化石记录中显示出的进化间隙，提出间断平衡学说，代替传统的渐进观点。

　　渐进进化是达尔文进化论的一个基本概念。达尔文认为，在生存斗争中，由适应的变异逐渐积累就会发展为显著的变异而导致新种的形成。因为"自然选择只能通过累积轻微的、连续的、有益的变异而发生作用，所以不能产生巨大的或突然的变化，它只能通过短且慢的步骤发生作用"。与达尔文的主张相反，早期遗传学家如荷兰的弗里斯等相信，新种可由大的不连续变异即突变直接产生，并把这种方式看作是进化变化的主要源泉，认为自然选择对生物的进化不起积极作用。现代进化论坚持达尔文的渐变论思想和自然选择的创造性作用，强调进化是群体在长时期的遗传上的变化，认为通过突变（基因突变和染色体畸变）或遗传重组、选择、漂变、迁移和隔离等因素的作用，整个群体的基因组成就会发生变化，造成生殖隔离，演变为不同物种。

回望来时路——生命进化的足迹

知识库——间断平衡

间断平衡理论认为进化过程是突变与渐变交替出现的一种生物进化学说。1972 年由美国古生物学家埃尔德雷奇和古尔德提出后，在欧美流传颇广。它与传统的进化论区别有三：①传统学说强调进化是物种在自然选择下的渐进演变过程，在时间（纵

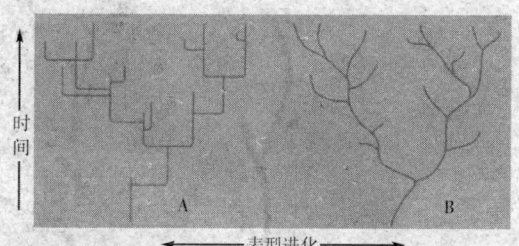

◆间断平衡论（A）与线系渐变论（B）

向）—性状演变（横向）坐标上呈斜线的形式（图 B）；间断平衡论则认为进化是突变与渐变的结合。强调大多数物种的形成是在地质上可忽略不计的短时间内完成的，这个迅速的过程叫种形成，在上述坐标上表现为接近水平的横线。物种形成后，在选择作用下发生的十分缓慢的变异叫线系渐变，在上述坐标上表现为接近于垂直的纵线。整个进化呈现折线的图形（图 A）；②传统进化论认为进化量（即生物种系在一段时间内的性状演变总量）是渐进变异逐渐积累的总和，线系渐变是进化的主流；间断平衡论则认为虽然渐变也可造成变异，并积累形成新种，但其在总变异量中所占份额很小，种形成才是进化的主流；③间断平衡论强调变异的随机性和地理隔离对种形成的必要性。它认为形成新种的原料是个体突变，突变是无定向的。只要对适应无害（中性），就可能闯过自然选择这一关而有可能形成新种。它又强调大多数新种是从父种地理分区边缘上被隔离的孤立小种群中形成的，因为在这孤立种群中产生的突变，不致因基因交流而失去特性，其中多数虽被淘汰，少数仍能被选择保留下来而形成新种。

知识库——生物进化是进步的，为什么还存在低等生物？

生物圈里之所以有那么多形形色色的不同形态食性和作用的动物植物，就是因为每种生物都只能占据一定的生态位空间，还留有余地。生物也会在生存条件压力下进行分流，向着不同的生态需求的方向演化从而达到共存。

低级生物能适应恶劣贫瘠的环境，一是因为地球初期的环境本来就不好，它们生来就是适应的；二是因为高等的生物都去占领优良的环境去了，而低等生物

55

消失的生物

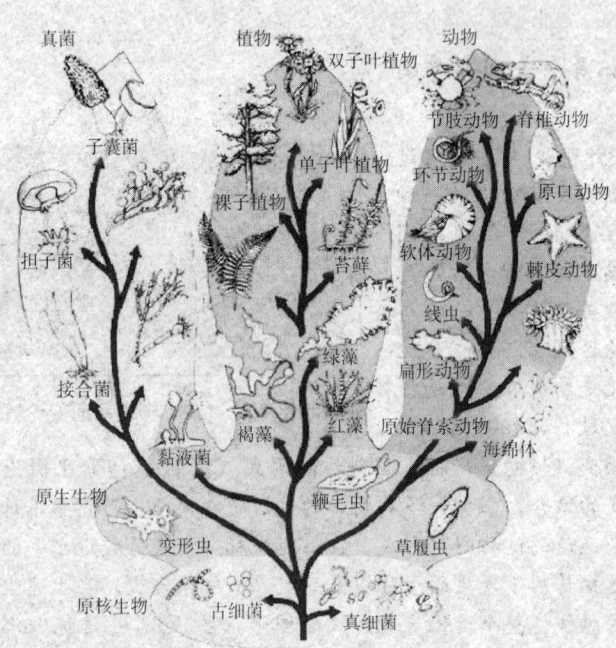

◆生物进化树

在恶劣环境下还有发展空间，而这些空间是无法承载高等生物的，因为高等的生物本身就意味着高获得高消耗。

拓展思考

1. 达尔文的进化论主要有哪些观点？
2. 生物进化有哪些特点？
3. 生物进化间断平衡理论主要观点是什么？
4. 生物一直在进化，为什么地球上还会存在那么多低等生物？

奥陶纪

——海洋生物发展和灭绝

距今 5 亿年前,原始的脊椎动物开始在地球上出现。那时候的地球海水广布,表现为滨海浅海相碳酸盐岩的普遍发育,在板块边缘的活动地槽区为较深水环境,形成厚度很大的浅海、深海碎屑沉积和火山喷发沉积。那时候海生生物空前发展,它们都是现在动物的最早祖先。

但是在大约 4.4 亿年前,生活在水体的各种不同无脊椎动物却荡然无存了。到底那时候发生了什么?让我们一起带着这个疑问走进奥陶纪物种大灭绝。

奥陶纪——海洋生物发展和灭绝

开始于 5 亿年前
——奥陶纪简介

远古时代小行星撞击事件往往会在岩石里留下线索，科学家在瑞典奥陶纪的地质层中发现了许多这样的线索，他们估计那一时期陨石撞击地球的概率是现在的 100 倍。如果陨石撞击地球如此大量而频繁，那么紧随其后的将是破坏性的小行星撞击事件（迄至今日，科学家已在地球上发现了多达 170 处陨石坑）。

◆奥陶纪只有海洋生物

科学家认为小行星撞击给地球带来破坏的同时，也有可能为生物多样性创造了条件。那么行星撞击地球真的与奥陶纪这一时期的物种大爆发有关系吗？让我们赶紧从本文里找到这个问题的答案吧。

小知识

大陆地台区是传统上的一级大地构造单元，地台的标准结构包括古老的变质基底及其上的沉积盖层。多数变质基底形成于古元古代末。

奥陶纪简介

"奥陶"一词由英国地质学家拉普沃思于 1879 年提出，代表露出于英

消失的生物

◆奥陶纪和头足类动物

◆奥陶海百合复原图

国阿雷尼格山脉向东穿过北威尔士的岩层，位于寒武系与志留系岩层之间。因这个地区是古奥陶部族（Ordovices）的居住地，故名。

奥陶纪是古生代的第二个纪，开始于距今5亿年，延续了6500万年。它分早、中、晚三个世。奥陶纪是地史上海侵最广泛的时期之一。在板块内部的地台区，海水广布，表现为滨海浅海相碳酸盐岩的普遍发育，在板块边缘的活动地槽区，为较深水环境，形成厚度很大的浅海、深海碎屑沉积和火山喷发沉积。

奥陶纪名称于1960年哥本哈根召开的第21届国际地质大会上正式通过。

奥陶纪一般分为3个世：早奥陶世、中奥陶世和晚奥陶世，相应的地层为下奥陶统、中奥陶统和上奥陶统。英国的奥陶系分为6个统，由下至上依次为：特马豆克统、阿伦尼格统、兰维恩统、兰代洛统、卡拉道克统和阿什极尔统。目前世界上多数国家的奥陶系都取用三分，但界线不甚一致，如瑞典、挪威、前苏联、中国、美国和澳大利亚等国，对中奥陶统的顶、底界线各有各的划法。

奥陶纪——海洋生物发展和灭绝

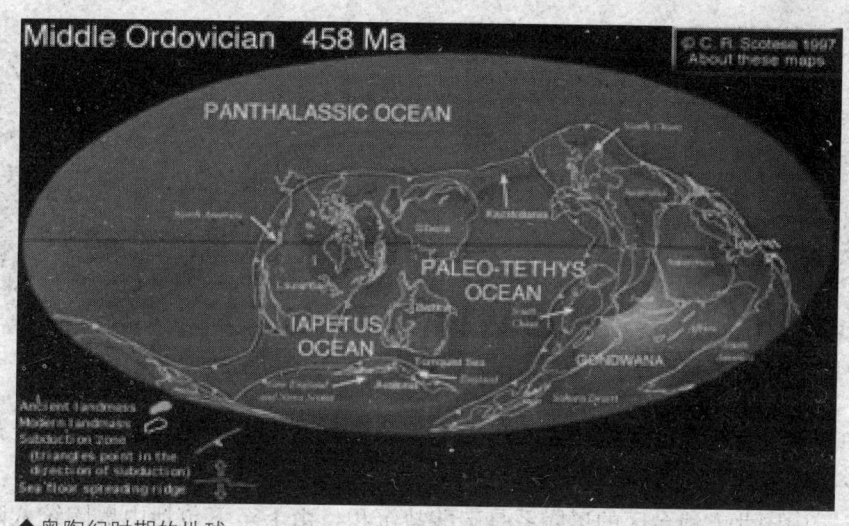

◆奥陶纪时期的地球

中国的奥陶纪沉积分布

中国的奥陶系沉积分布很广，包括华北、东北、华南和西部地区。

沉积基本上可以分为2种类型：一类是活动类型沉积，如天山、兴安地槽区、祁连山地槽区和东南地槽区等；另一类稳定类型沉积，如中朝地台、扬子地台以及塔里木地台等。此外，上述两种类型之间还有过渡区，如江南区。

◆沉积岩

地槽区的岩石有复理石相碎屑岩、硅质岩、火山岩、页岩和少量的碳酸岩等，一般厚度较大，有些地区可达数千米。地台区以砂岩、页岩、石灰岩和白云岩等为主，一般厚度较小，多在400～600米之间。北非和南美等地奥陶系有冰碛层，中国尚未发现。扬子地台与东南地槽区之间，以及

消失的生物

◆奥陶系形成的沉积岩　　　　◆湖北宜都奥陶纪石林

中朝地台与祁连山地槽区之间过渡类型的奥陶系，黑色页岩增多，灰岩减少，厚度比地台区较大。

中国北方地台区的奥陶系是碳酸盐沉积，由上至下包括中奥陶统八陡组、阁庄组和下奥陶统马家沟组、亮甲山组和冶里组，上奥陶统仅见于地台西缘。中国西南地台区的奥陶系研究较详，湖北三峡地区的地层划分具有代表性，由上至下是上奥陶统五峰组、临湘组，中奥陶统宝塔组、庙坡组，下奥陶统牯牛潭组、大湾组、红花园组、分乡组和南津关组。中国东南地区有完好的笔石地层剖面，奥陶纪笔石带顺序清楚，已经基本上建立起中国以笔石相为准的6个阶（期），含25个笔石带。

在地台区或过渡区，奥陶系剖面连续，界线清楚，是研究奥陶系的理想地区。从目前情况看，今后应当加强地槽区奥陶纪古生物、生物地层、沉积岩石学和有关的矿产研究。

沉积岩的形成

在地球表面的低洼处，例如山谷、盆地、三角洲、海洋底部，会有物质堆积。这些物质年复一年地层层堆积，越来越厚，甚至厚到几千米。沉积物下方的地壳在不断地升降运动。如果这地方下陷，这些沉积物就会被深埋在地壳深处，在巨大的压力、高温下，经历很长时间，最后形成岩石。这些已经形成的沉积岩，可能又由于地壳的上升运动，露出地表，形成我们看见的、具有层状结构的岩石。

奥陶纪——海洋生物发展和灭绝

中国的奥陶纪矿产

　　中国云南东北部中奥陶世早期或早奥陶世晚期的巧家组产有赤铁矿，华北马家沟组或峰峰组不同层位有磁铁矿和赤铁矿。这种铁矿的成因与中生代侵入岩侵入奥陶纪的富镁围岩有关。华北区峰峰组下段产硬石膏和石膏层。石灰岩和白云岩等作为石灰、水泥、熔剂的材料，在华北区奥陶系层位多，分布较广。以奥陶纪地层作为运移、储存条件的矿产还有石油和丰富的地下水资源。

◆赤铁矿石

 知识博览——铁矿的形成

　　地球上分散在各处含有铁的岩石，风化崩解，里面的铁也被氧化，这些氧化铁溶解或悬浮在水中，随着水的流动，逐渐沉淀堆积在水下，成为铁比较集中的矿层，在整个聚集过程中，许多生物起着积极的作用。铁矿层形成后，再经过多次变化，譬如地壳中的高温高压作用，有时还有含矿物质多的热液参加进来，使这些沉积而成的铁矿或含铁较多的岩石变质，造成规模很大的铁矿；这些经过变质的铁矿或含铁较多的岩石，还可以再经过风化，把铁进一步集中起来，造成含铁量很高的富铁矿。

 消失的生物

还有些铁矿是岩浆活动造成的。岩浆在地下或地面附近冷却凝结时，可以分离出铁矿物，并在一定的部位集中起来；岩浆与周围岩石接触时，也可以相互作用，形成铁矿。

 拓展思考

1. 奥陶纪因何而得名？
2. 奥陶纪时期地球的大陆与现在有什么不一样？
3. 沉积岩是如何形成的？
4. 你知道铁矿石三巨头是哪三个吗？

奥陶纪——海洋生物发展和灭绝

无脊椎动物的繁盛
——奥陶纪的海洋

地球的生命现象大约起源于38亿年前。伴随着地球的发展，生物界在新生—繁盛—灭绝的循环中经历了由低级到高级、简单到复杂、单一到多样、海生到陆生的进化过程，在不同的地质时代，展示了千差万别的面貌。

大约25亿年前到4.38亿年前，生物界经历了元古代的藻类繁荣、寒武纪的无脊椎动物第一次大发展和奥陶纪的无脊椎动物全盛时期。藻类是元古代海洋中的主要生物。奥陶纪时各门类无脊椎动物已发展齐全，海洋呈现一派生机蓬勃的景象。

◆奥陶纪生物群

奥陶纪生物的特点

奥陶纪（距今5.1~4.38亿年）——海洋无脊椎物动物全盛时期。当时气候温和，浅海广布，世界许多地方（包括我国大部分地方）都被浅海海水淹盖。海生生物空前发展。

在奥陶纪广阔的海洋中，海生无脊椎动物空前繁荣，生活着大量的各门类无脊椎动物。除寒武纪开始繁盛的类群以外，其他一些类群也得到进一步的发展，其中包括笔石、珊瑚、腕足、海百合、苔藓虫和软体动物等。

消失的生物

◆笔石化石

◆珊瑚虫

广角镜

珊瑚礁

海洋中的珊瑚礁是由珊瑚虫骨骼构成的、具有抗浪结构的碳酸盐物质。然而，珊瑚礁只是现代生物礁形成的一种方式，而在漫长的历史长河中各个不同的地质历史时期，生物礁中的造礁生物不仅仅是珊瑚虫一种，还有藻类、苔藓虫、钙质海绵、层孔虫以及古杯类动物等多种生物。

◆海百合化石

这一时期的化石主要以三叶虫、笔石、腕足类、棘皮动物中的海林檎类、软体动物中的鹦鹉螺类最常见，珊瑚、苔藓虫、海百合、介形类和牙形石等也很多。节肢动物中的板足鲎类和脊椎动物中的无颌类（如甲胄鱼类）等均已出现。低等海生植物继续发展。

奥陶纪中期，在北美落基山脉地区出现了原始脊椎动物异甲鱼类——星甲鱼和显褶鱼，在南半球的澳大利亚也出现了

奥陶纪——海洋生物发展和灭绝

异甲鱼类。植物仍以海生藻类为主。

在奥陶纪晚期，约4.8亿年前，首次出现了可靠的陆生脊椎动物——淡水无颌鱼；淡水植物据推测可能在奥陶纪也已经出现。

海生无脊椎动物的乐土

笔石是奥陶纪最奇特的海洋动物类群，它们自早奥陶世开始即已兴盛繁育，分布广泛。腕足动物在这一时期演化迅速，大部分的类群均已出现，无铰类、几丁质壳的腕足类逐渐衰退，钙质壳的有铰类则盛极一时；鹦鹉螺进入繁盛时期，它们身体巨大，是当时海洋中凶猛的肉食性动物；由于大量食肉类鹦鹉螺类的出现，为了防御，三叶虫在胸、尾长出许多针刺，以避免食肉动物的袭击或吞食。珊瑚自中奥陶世开始大量出现，复体的珊瑚虽说还较原始，但已能够形成小型的礁体。

◆三叶虫化石

数量巨大的三叶虫

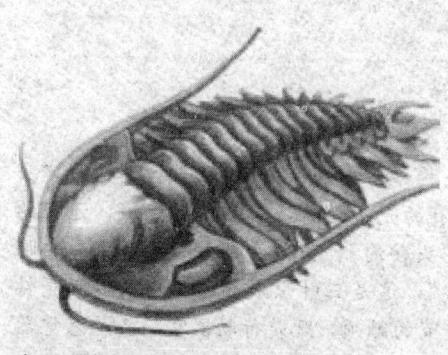

◆三叶虫复原图

三叶虫是最有代表性的远古动物，距今5.6亿年前的寒武纪就出现，5亿～4.3亿年前发展到高峰，至2.4亿年前的二叠纪完全灭绝，前后在地球上生存了3.2亿多年，可见这是一类生命力极强的生物。在漫长的时间长河中，它们演化出繁多的种类，有的长达70厘米，有的只有2毫米。背壳纵分为三部分，

 消失的生物

因此名为三叶虫。

奥陶纪海洋里生活着500多种三叶虫。这虽然没有寒武纪时期的种类多，但其数量仍是巨大的。这是今天三叶虫化石如此普遍的原因之一。

三叶虫化石很容易找到，这不仅因为它们数量大，而且因为它们定期脱去外壳。随着动物的生长，外壳落入古海底，常常被掩埋，变成化石。从俄罗斯到摩洛哥到美国，在世界各地的海相岩石中已发现了几千种不同的三叶虫。有的长着长刺来抵御捕食动物，有的将眼睛长在长柄上，这样当它们埋在泥沙里的时候仍能看见外面。三叶虫能够在海底游泳或爬行。但它们防御捕食动物的方法可能像今天的犰狳一样，将带壳的身体蜷缩成球状。

我们知道三叶虫会被其他海洋生物捕食，因为我们经常发现三叶虫化石上有被咬的痕迹。可能由于颌鱼类的兴起促使许多三叶虫灭绝，但有些三叶虫一直生存到2.51亿年前的最大灭绝性灾难发生的时候。

 知识窗

三叶虫的分类

三叶虫为雌雄异体，卵生，个体发育过程中经过周期性蜕壳，形态变化很大。一般划分为3期：幼虫、中年期、成年期。是分类的重要根据之一。三叶虫纲可以分为7目：球接子目、莱得利基虫目、耸棒头虫目、褶颊虫目、镜眼虫目、裂肋虫目及齿肋虫目。

 知识博览——三叶虫身体构造

三叶虫的主要特征表现在它的背壳构造，其头部中央有一个突起的"头鞍"，可能是安置脑的处所。头鞍的表面有的光滑无饰，有的瘤斑点缀，还有的具有为数不等的横沟。这些横沟被称为"头鞍沟"。头鞍两侧，一般有成对的眼睛。沿眼睛的前后有一条沟，称为"面线"，这是三叶虫成长过程中借以脱壳钻出身体的地方。头部腹面的前端有一对分节的触须，既是行动器官，又是感觉器官。触须的后面是摄食的口，通常盖着"唇瓣"。口两侧有许多细小而分节的行

奥陶纪——海洋生物发展和灭绝

◆三叶虫化石

◆三叶虫生活环境

动器官——附肢，附肢上有细密的纤毛，大概可以起到呼吸的作用。

三叶虫的胸部分节，多者达十几节，少者只分两节。各节之间以覆瓦状（即像房顶的瓦片一样一片覆叠在另一片的上面）关联起来，便于卷曲活动。三叶虫腹面两侧有为数众多的分节附肢，附肢上具有纤毛，因此这些附肢也兼具行动和呼吸之用途。三叶虫的尾部和胸部一样，纵向上分为中轴及其两侧的肋叶部，其形态多样；尾部的边缘有的带刺，有的不带刺。

◆三叶虫爬行痕迹化石

小知识

三叶虫的祖先可能是类似于节肢动物的动物，如斯普里格蠕虫或其他隐生宙埃迪卡拉纪时期类似三叶虫的动物。早期三叶虫与伯吉斯页岩和其他寒武纪的节肢动物化石有许多类似的地方。因此三叶虫与其他节肢动物可能在埃迪卡拉纪和寒武纪的交界之前有共同的祖先。

消失的生物

奥陶纪生物礁

◆四川安县生物礁国家地质公园

生物礁是在各个不同的地史时期由各种生物遗体所形成的礁体的通称，其中也包括人们熟悉的珊瑚礁。在现代科学技术日益发展的形势下，古老而陌生的"生物礁"正在引起人们越来越多的重视。人们不仅在研究探索生物礁学的过程中开拓出了新的途径，还将"生物礁"理论应用到实践，为石油、天然气的勘测和开发谱写了新的篇章。

关于奥陶纪生物礁术语及分类，生物学家对全球奥陶系礁的报道实例进行了研究，认为奥陶系生物礁包括以下几种类型：

真礁：主体造礁生物原地生长，形成粘结的、稳定的格架。大多数奥陶纪珊瑚礁和层孔虫礁属于这种类型。

礁丘：为格架礁和灰泥丘的过渡类型，它由大量稳定性较差的格架生物建造，多数明显与易碎的、独栖枝状的及结壳的生物相关，细粒基质支撑结构是其重要的成分组成。大多数奥陶纪苔藓虫礁、海绵礁属于这种类型。

灰泥丘：通常由含相对较少格架生物的微晶组成，常发育层状晶

◆叠层石礁

奥陶纪——海洋生物发展和灭绝

洞构造，多形成于水体较深（50～100米）的环境中。主要发现于中晚期奥陶纪的地层中。

微生物礁：理论上它们应能与灰泥丘有区别，但实际上如果这种细粒礁碳酸盐岩发生成岩变化或在弱变质岩中时就很难区分营建它们的单个微生物，或它们特定的微生物结构。两种主要的微生物岩类型为叠层石（具薄层和分指状结构）和凝块石（具凝块，微晶结构，可表示以钙质球形为主的微生物的不连续生长）。这两种类型都可形成微生物礁，即叠层石礁和凝块石礁。叠层石礁见于整个奥陶纪。

 **拓展思考**

1. 奥陶纪海洋生物主要有哪些？有什么特点？
2. 奥陶纪的脊椎动物是什么？
3. 生物礁是如何形成的？

消失的生物

发生了什么
——海洋生物在奥陶纪大量消失

在奥陶纪广阔的海洋中，海生无脊椎动物空前繁荣。大量的各门类无脊椎动物在海里生活着。除寒武纪开始繁盛的类群以外，其他一些类群还得到进一步的发展，其中包括笔石、珊瑚、腕足、海百合、苔藓虫和软体动物等。

这些现在只能在化石里一窥面貌的古代生物，在远古某一个不确定的时间里逐渐消失了。现在就让我们在科学的发现中找寻它们的踪迹吧。

◆奥陶纪无脊椎动物化石

现代动物的最早祖先

◆萨卡班巴鱼复原图

奥陶纪时期的海洋生物是现代动物的最早祖先。珊瑚和叫作星状动物的古老海星生长在洋底。海底的带壳动物包括与现代牡蛎有关的软体动物、看起来与软体动物相似的腕足动物和外壳卷曲的腹足动物。头足类——现生鱿鱼的堂兄弟——快速游过海底搜寻猎物，但最大的新出现的动物是像萨卡班巴鱼这样的无颌类。例如发现于南美的萨卡

奥陶纪——海洋生物发展和灭绝

> 无颌类与"有颌类"相对，脊椎动物的两大类之一，属较原始的类别，是迄今为止最原始的水生鱼形脊椎动物。

班巴鱼，是地球上最早的脊椎动物之一。这一时期仍然没有任何动物种类生活在陆地上。

最早的鱼类就是无颌类。它们没有上下颌，嘴很宽，头的边缘长着奇怪的骨板。也许这些骨板是发电器官，用来感觉距离或电击捕食动物。无颌类的摄食方法是将含有微小动物和沉积物的水吸入口中。它们可能是尾巴向上在海底游泳的。

奥陶纪大量消失的物种

1. 笔石。笔石是奥陶纪最奇特的海洋动物类群，它们自早奥陶世开始即已兴盛繁育，分布广泛。笔石是一类微小的蠕虫状生物，它们像今天的珊瑚虫一样群体生活。整个笔石群体仅有5厘米长，它们漂流在海面上，吃浮游生物，和今天鲸类所吃的大量微小海洋生物是一样的。笔石对于科学家来说是特别重要的，因为它们在一个较长的时期里是逐渐变化的。科学家能够根据共同发现的笔石的种类判定其他海洋生物化石的年龄。

◆笔石化石

2. 牙形石。牙形石是什么？科学家在近140年的时间里一直在问这个问题。牙形石化石很小，只能在显微镜下研究。它们大多数形状像细长的圆锥，一些看起来像带尖的耙子或梳子，另一些像锯齿状的小棒或凹凸不平的刀刃，甚至还有的像树叶。它们是微小动物的

◆笔石多数种属营漂浮生活

消失的生物

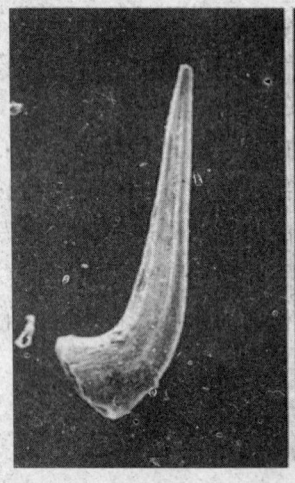
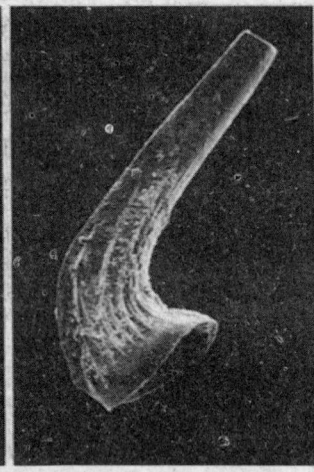
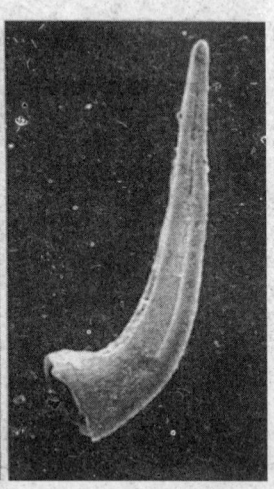

◆奥陶纪牙形石

◆各种各样的牙形虫

壳还是稍大一些动物的牙齿？科学家还提出它们可能是鱼、蠕虫或长有触手的动物的一部分。1995年，这个谜终于被解开了。产自苏格兰和南非的化石表明，牙形石来自没有骨骼和上下颌的鱼形动物。这种动物体长可达5厘米，看起来像长着凸出的大眼睛和一条尾鳍的小鳗鱼。每一个体头的底部都有许多种牙形石，用来挖或咬。

3. 腕足动物。腕足动物在这一时期演化迅速，大部分的类群均已出现，无铰类、几丁质壳的腕足类逐渐衰退，钙质壳的有铰类则盛极一时。腕足类乍看起来很像双壳类，但和它并没有多大关系，它们壳的大小和曲线都不相同。腕足类的铰合部喙，以肉柄固着。腕足类现在比较稀少，但在5亿年至4.5亿年前，它们远比双壳类常见。

奥陶纪——海洋生物发展和灭绝

◆腕足动物——大腕贝生活在四亿多年前

◆鹦鹉螺复原图

4. 鹦鹉螺。鹦鹉螺在奥陶纪进入繁盛时期，它们身体巨大，是当时海洋中凶猛的肉食性动物；由于大量食肉类鹦鹉螺类的出现，为了防御，三叶虫在胸、尾部长出许多针刺，以避免食肉动物的袭击或吞食。

5. 珊瑚。珊瑚自中奥陶世开始大量出现，复体的珊瑚虽说还较原始，但已能够形成小型的礁体。由于海洋无脊椎动物的大发展，在前寒武纪时非常繁盛的叠层石在奥陶纪时急剧衰落。

◆苔藓虫化石

6. 苔藓虫。苔藓虫出现于奥陶纪早期，演化快，属种多。有枝状的尼可逊苔藓虫、攀苔藓虫，围块状的古神苔藓虫，薄层状的变隐苔藓虫。

7. 双壳类。像现生蛤蜊一样的带壳动物，身体分成相同的两半。

在奥陶纪晚期，约4.8亿年前，首次出现了可靠的陆生脊椎动物——淡水无颚鱼；淡水植物据推测可能在奥陶纪也已经出现。

> 奥陶纪每日的时间为21小时，而非现在的24小时。

"领先一步学科学"系列

 消失的生物

 拓展思考

1. 奥陶纪大量消失的物种有哪些？
2. 你能想象奥陶纪时期海洋的面貌吗？试着画出奥陶纪时期海洋生活场景。
3. 查阅相关资料解释奥陶纪时期一天为什么只有21小时？

奥陶纪——海洋生物发展和灭绝

物种为何灭绝
——奥陶纪气候变冷？

地球上的生命从无到有，从少到多，从简单到复杂，经历了极其漫长的岁月。过程的细节虽然还有许多不得而知，过程的脉络和大致的轮廓却已然由科学家们勾画了出来，形成了一幅充满活力的历史长卷，也留下了不少待解之谜。

其中生命物种数量的巨大波动就是一个难解的谜。现在让我们翻开奥陶纪生物灭绝的历史，来了解一下生物灭绝的奥秘吧。

◆奥陶纪末期的地球

生物灭绝概述

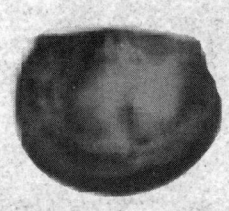

腕足动物赫南特贝　　　正常笔石　　　小达尔曼三叶虫

◆奥陶纪末大灭绝后消亡的典型海洋无脊椎动物

77

消失的生物

◆生物的灭绝像多米诺骨牌

地球上生物经常会集群灭绝，这样的大灭绝主要有五次。生物灭绝又叫生物绝种。它并不总是匀速的，逐渐进行的，而是经常会大规模地集群灭绝，即生物大灭绝。物种的灭绝似乎是生命演化的正常状态。发生大灭绝的时候，整科、整目甚至整纲的生物可以在很短的时间内彻底消失，或仅有极少数残存下来。

在大灭绝过程中，往往是整个分类单元中的所有物种，无论在生态系统中的地位如何，都逃不过这次劫难，而且还常常是很多不同的生物类群一起灭绝，但是也总有其他一些类群幸免于难，还有一些类群从此诞生或开始繁盛。大规模的集群灭绝有一定的周期性，大约6200万年就会发生一次，集群灭绝对动物的影响最大，而陆生植物的集群灭绝不像动物的那样显著。

物种灭绝的方式

物种灭绝的方式呈现两种截然不同的模式，一种是平缓的背景灭绝，一种是激烈的集群灭绝。这种奇异特征需要解读，人们希望了解究竟是什么原因导致了背景灭绝与集群灭绝的更替。

一种解读就是将背景灭绝与集群灭绝归结为完全不同的过程：背景灭绝是达尔文式的生物进化过

◆生物集群灭绝似乎有规律性

奥陶纪——海洋生物发展和灭绝

程；集群灭绝则是外部环境的巨大扰动所造成的严重后果。当平缓的生物进化遭遇各种偶然的、突发的外来灾祸时，原本正常的演化被打破，便出现了背景灭绝与集群灭绝的更替。

是太阳系周边所产生的宇宙射线导致了地球上生物一次次地出现了大灭绝？

也有科学家希望从生态系统的内部寻找生命大灭绝的原因，他们以自组织临界理论为依据，认为生态系统自组织到临界状态是一个很自然的过程，不需要外在的干预就能自发产生。因此，当生态系统自组织到临界状态时，它就处在了混沌的边缘，处于一种特殊的敏感状态，此时微小的局部变化所引发的

◆一个物种的灭绝可能会导致大量物种的灭绝

变数是非常多的。大规模集群灭绝与个别物种消失的背景灭绝都是生命进化过程中由自组织临界性的机制所导致的正常事件。这是另一种解读。

随着科学的发展，对生物灭绝图景的结论性描述有可能从这两种解读中确立一种，也有可能出现更多的版本。无论如何，生物物种集群灭绝事件多发的事实都在提醒我们，生命是脆弱的，生态系统是复杂的，人类的活动极有可能置生态系统于危险之中。对此，我们应当有所自省，有所行动，生态文明建设已经刻不容缓。否则，谁又能保证覆巢之下人类能够幸免。

 知识窗——杭州的重要发现

俞国华教授是整个浙江地质界人人都知道的老专家。2005年7月他在余杭镇安乐山进行地质资源调查时，不经意间在安乐塔正前方下面一座亭子旁边的石壁上发现了直径仅几毫米的贝壳化石，要用放大镜才能看清楚。此后，他先后多次前来进行地质调查，共发现三叶虫、海百合等三种化石。根据化石的一些特征，有些化石属于4.4亿年奥陶纪末的腕足动物，腕足动物是当时活跃在地球上

消失的生物

◆生物化石有些非常小，需要放大镜才能看清楚

的深水壳相动物的主要种群。这些特征让专家们肯定这些小小的生物，就是奥陶纪末期到志留纪早期生物演化的连接，而这也是世界上目前发现的唯一证据。

在奥陶纪末期、志留纪早期，杭州还处在南半球低纬度地区，处在相对封闭的特殊古地理环境中，这给大灾难中的生物提供了一个避难所。这是世界上发现的唯一一个深水壳相动物化石群。

| 第一次 | 第二次 | 第三次 | 第四次 | 第五次 |

发生时间：距今4.4亿年前的奥陶纪末期

发生时间：距今约3.65亿年前的泥盆纪后期

发生时间：距今约2.5亿年前二叠纪末期

发生时间：距今约1.85亿年前

发生时间：距今约6500万年前的白垩纪

后果：约有85%的物种灭绝

后果：海洋生物遭到重创

后果：96%的物种灭绝，其中90%的海洋生物和70%的陆地脊椎动物灭绝

后果：80%的爬行动物灭绝

后果：统治地球达1.6亿年有恐龙灭绝

◆地球上出现过的五次大灭绝

奥陶纪——海洋生物发展和灭绝

冰冻带来浩劫

奥陶纪生物大灭绝发生在距今4.4亿年前的奥陶纪末期。

古生物学家认为,这次物种灭绝是由全球气候变冷造成的。在大约4.4亿年前,现在的撒哈拉所在的陆地曾经位于南极,当陆地汇集在极点附近时,容易造成厚厚的积冰——奥陶纪正是这种情形。大片的冰川使洋流和大气环流变冷,整个地球的温度下降了,冰川锁住了水,海平面也降低了,原先丰富的沿海生物圈被破坏了,导致了85%的物种灭绝。生活在水体的各种不同的无脊椎动物便荡然无存。

◆科学家认为冰川导致了奥陶纪生物大灭绝

致命射线的假说

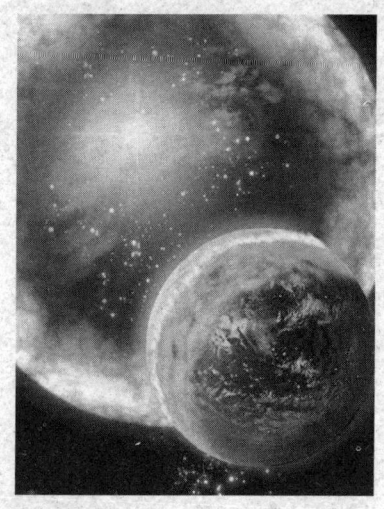

◆伽玛暴是原凶?

美国堪萨斯大学的天文学家阿得利安·麦乐曾提出,地球上的奥陶纪生物大灭绝可能就源于伽玛暴的袭击。他认为,4.4亿年前的一次伽玛暴摧毁了地球臭氧层对生物的保护,使紫外线的强度达到了正常情况下的50倍以上,从而杀死了许多生活在浅水中的动物。而且,由此进一步引发的冰期使得生物的生存环境雪上加霜,大批物种难逃劫数。

尽管麦乐在今天仍然坚持他的看法,但越来越多的证据却似乎要将这种情况发生的可能性减低为零。

消失的生物

拓展思考

1. 生物是以什么样的方式灭绝的?
2. 有哪些可能的因素导致生物物种集群灭绝?
3. 你认为什么原因导致了奥陶纪的气候变冷?

泥盆纪

——鱼类的时代,后期海洋生物大灭绝

泥盆纪古地理面貌较早古生代有了巨大的改变,表现为陆地面积的扩大,陆相地层的发育。生物界的面貌也发生了巨大的变革,陆生植物、鱼形动物空前发展,两栖动物开始出现,无脊椎动物的成分也显著改变。脊椎动物经历了一次几乎是爆发式的发展。

这一时期鱼类相当繁盛,各种类别的鱼都有出现,故泥盆纪被称为"鱼类的时代"。现在就让我们一起走进这"鱼类的时代"。

泥盆纪——鱼类的时代，后期海洋生物大灭绝

气候催生生物界变革
——泥盆纪简介

泥盆纪是地球生物界发生巨大变革的时期，由海洋向陆地大规模进军是这一时期最突出、最重要的生物演化事件。

气候显示泥盆纪时地球是温暖的。化石记录说明远至北极地区当时处于温带气候。这样的气候下催生了生物界巨大的变革。现在，让我们一起走进这场变革。

◆泥盆纪早期的大陆

名字的由来

◆泥盆纪中晚期的海洋

"泥盆"（Devon）是英国英格兰西南半岛上的一个郡名的意译（现称德文郡，Devonshire）。泥盆纪是英国地质学家塞奇威克和默奇森研究了该郡的"老红砂岩"后，于1839年命名的。这个时期形成的地层称为"泥盆系"，代表符号为"D"。

最初泥盆系代表德文地区与威尔士地区寒武系相当的地层单位。其后，根据德文灰岩中珊瑚化石的研究，认为其层位相当于威尔士区志留系之上、石炭系灰岩之下含鱼和植物化石的老红砂岩，因此确定为一个新

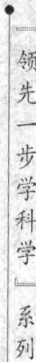

消失的生物

◆泥盆纪晚期，两栖动物开始出现

的系。通过对德国、比利时、法国、前苏联的地层研究，证实泥盆纪地层也广布于欧洲大陆，并在这些地层中发现了老红砂岩的鱼化石。在经过7年的争论之后，泥盆纪被确认为国际地质年代单位。泥盆纪分为早、中、晚3个世，地层相应地分为下、中、上3个统。

 小知识

中国的泥盆系在北方主要分布于天山、兴安岭、准噶尔、内蒙古草原等区，以地槽型火山碎屑沉积为主。华南泥盆系最为发育，具有多种沉积类型，以地台型浅海和滨海沉积为主。

泥盆纪基本情况

泥盆纪是晚古生代的第一个纪，延续了5500万年之久。泥盆纪时期是指3.6亿年至4.06亿年前，也就是古生代中叶的这段期间。它又细分为三个时期——前泥盆纪时期（4.06亿至3.87亿年前）、中泥盆纪时期（3.87亿年前至3.74亿年前）、以及后泥盆纪时期（3.74亿至3.6亿年前）。

泥盆系最初研究于英格兰西南

◆泥盆纪石英砂岩

部的德文郡，德文郡的泥盆系由海相沉积岩组成，但在威尔士、苏格兰和

泥盆纪——鱼类的时代，后期海洋生物大灭绝

英格兰西部，泥盆系却是巨厚的陆相老红砂岩。早泥盆世时，北美是一个低洼的大陆，海水甚少，阿巴拉契亚地槽在泥盆纪的大部分时间内接受了沉积。这时期的岩石见于密西西比河谷、大湖区、加拿大西北部和阿巴拉契亚地区。泥盆纪的地层在纽约州发育得最好，这里层序完整，化石丰富。

◆泥盆纪海底地貌

纽约州西部泥盆系出露于亚利桑那、科罗拉多、犹他、怀俄明、爱达荷、蒙大拿和内华达州。大部分属于中、晚泥盆世。泥盆系也出露于不列颠群岛、德国、法国和前苏联；中国和亚洲的其他地点；南非；澳大利亚和新西兰；以及南美。在北美，泥盆纪末以始于中泥盆的一个造山运动——阿肯特幕的高潮为标记，这次上升，伴有巨大的火山活动，隆起了从阿巴拉契亚地区经新英格兰到加拿大的沿海各省的山脉。

泥盆纪古地理面貌较早古生代有了巨大的改变。表现为陆地面积的扩大，陆相地层的发育，生物界的面貌也发生了巨大的变革。陆生植物、鱼形动物空前发展，两栖动物开始出现，无脊椎动物的成分也显著改变。

泥盆纪的沉积地层

泥盆纪的沉积物分布于世界各地，其沉积总量比古生代其他各系都大。沉积地层一般划分为老红砂岩相、莱茵相和海西相，分别代表大陆环境、近岸和远岸的海相环境。不同盆地沉积模式各异。以德国—比利时盆地为代表的岩相，早泥盆世多为近滨、前滨碎屑岩相，中、晚泥盆世发育陆棚碎屑岩相、台地碳酸盐岩相、盆地泥质岩相和水下隆起碳酸盐岩相。华南与西欧类似，形成台、盆交错的古地理格局。

 消失的生物

 **拓展思考**

1. 泥盆纪因何而得名?
2. 泥盆纪的陆地发生了怎样的变化?
3. 泥盆纪的海洋发生了怎样的变化?

泥盆纪——鱼类的时代，后期海洋生物大灭绝

从海洋走向陆地
——泥盆纪的生物演化

泥盆纪古地理面貌较早古生代有了巨大的改变。陆地面积的连续扩大，陆相地层的不断发育，导致生物界的面貌也发生了巨大的变革。陆生植物、鱼形动物空前发展，两栖动物开始出现，无脊椎动物的成分也显著改变。

泥盆纪的生物界发生了从海洋征服大陆的巨变，从这一时期起，生物才开始从海洋向陆地发展。

◆泥盆纪复原图

泥盆纪植物演化

早泥盆世裸蕨植物较为繁盛，有少量的石松类植物，多为形态简单、

泥盆纪的鱼类

在泥盆纪时，鱼类首先从无脊椎动物中分化出来，形成生物界的新族。那时的鱼类都生活在淡水或滨海三角洲半咸水中，早期的鱼类比较原始，还没有上、下颌的分化，后来才出现较进步的类型。

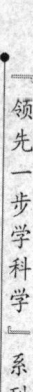

消失的生物

◆裸蕨最早出现于志留纪晚期，泥盆纪时达于繁盛，是当时陆地上最具优势的陆生植物。

个体不大的草本类型；中泥盆世裸蕨植物仍占优势，但原始的石松植物更发达，出现了原始的楔叶植物和最原始的真蕨植物；晚泥盆世到来时，裸蕨植物濒于灭亡，石松类继续繁盛，节蕨类、原始楔叶植物获得发展，新的真蕨类和种子蕨类开始出现。

泥盆纪的生物以陆生植物的扩展为特征，植物从株小无叶的种到株高达12米的树状蕨类均有。泥盆纪中晚期的陆地上还出现了最早的裸子植物，但直到二叠纪晚期，它们才成为陆地植物的主角。

泥盆纪动物演化

泥盆纪是地球生物界发生巨大变革的时期，由海洋向陆地大规模进军是这一时期最突出、最重要的生物演化事件。根据生物的生态类型，科学家们已经把泥盆纪海洋中的生物划分出三种类型：礁相生物，主要指珊瑚、层孔虫等；壳相生物，基本由腕足类、双壳类组成；浮游相生物，由菊石、笔石和牙形刺等生物构成。这为我们进一步了解它们提供了便利，生物的分异是划分生物群落组合和生态区系的重要依据。

> **小知识**
>
> 泥盆纪时期陆地上已经出现了最早的昆虫——莱尼虫，还有些淡水蛤类和蜗牛。

泥盆纪——鱼类的时代，后期海洋生物大灭绝

海洋无脊椎动物异常丰富，由造礁珊瑚、海绵、棘皮动物、软体动物和众多的腕足动物组成。三叶虫在数量上极大地减少，然而个别特大的种却可大到74厘米长。

腕足类在泥盆纪发展迅速，志留纪开始出现的石燕贝目成为泥盆纪的重要化石。此外，穿孔贝目、扭月贝目、无洞贝目和小嘴贝目在划分和对比泥盆纪地层中也极为重要。

竹节石类始于奥陶纪，泥盆纪一度达到最盛，泥盆纪末期灭绝。其中以薄壳型的塔节石类最繁盛，光壳节石类也十分重要。牙形石演化到泥盆纪又进入一个发展高峰，这个时期以平台型分子大量出现为特征。

脊椎动物经历了一次几乎是爆发式的发展，淡水鱼和海生鱼类都相当多，这些鱼类包括原始无颌的甲胄鱼类；有颌具甲的盾皮鱼类；以及真正的鲨鱼类。还有与颌连结起来身长达9米具重甲的鲨鱼状的节颈鱼类。

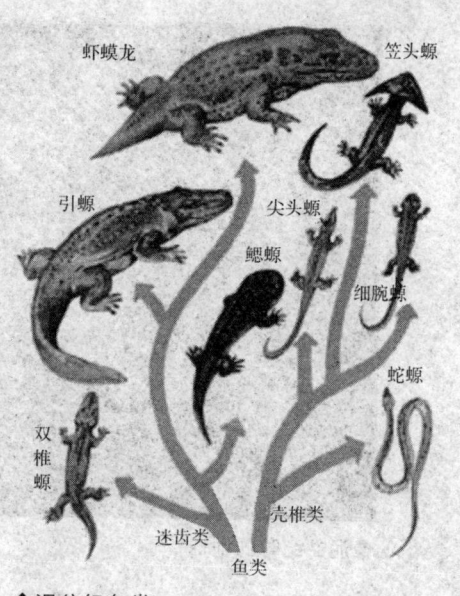

◆泥盆纪鱼类

◆泥盆纪晚期的海底恐鱼

鉴于脊椎动物的空前演化，泥盆纪曾被称为鱼类时代。最重要的是显示出从总鳍类演化而来的原始爬行动物——四足类（四足脊椎动物）的出现。在泥盆纪晚期，由鱼类进化而来的两栖类登上陆地，标志着脊椎动物开始了脱离水体并最终征服陆地的演化历程。

消失的生物

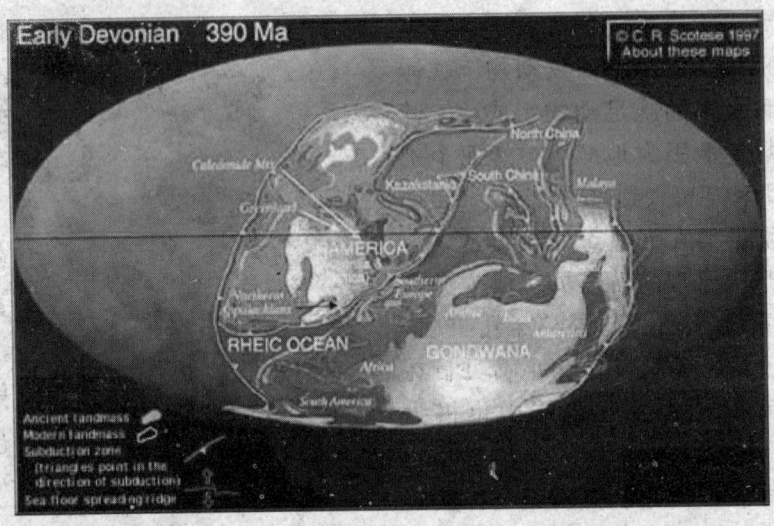

◆泥盆纪时的地球

万花筒

泥盆纪新鱼类

新的类型有肺鱼类，一种既有腮，也发育着肺作为辅助呼吸器官的原始类型，这类鱼的某些代表今天仍然活着，形成用腮呼吸的鱼类和用肺呼吸空气的两栖动物间的一个重要的环节。它不但将漂浮囊改变成原始肺，而且这些鱼的某些进化到成对的阔鳍状的鳍状肢，使其能够在水面上生活一个短时期，同时有能在陆地上的有限的运动能力。

 知识库——加里东运动

加里东运动是古生代早期地壳运动的总称，主要指欧洲西北部晚志留纪至泥盆纪形成北东向山地的褶皱运动。

寒武纪时最主要的地壳变动为升降运动。自早寒武世开始海侵，中寒武世海侵达到最高峰，海水侵入阿拉伯陆台和印度陆台的北部；到晚寒武世时，由于有些地方陆地开始上升，故海水面积相对缩小，特别在西伯利亚陆台。寒武纪时，

泥盆纪——鱼类的时代，后期海洋生物大灭绝

亚洲各大地槽带都沉积有砂岩和石灰岩等地层。整个寒武纪和志留纪末期以前，亚洲陆台基本上是沉降时代和海水侵入时代，这是加里东运动的前半期。

志留纪末泥盆纪初，亚洲在很多地区发生了褶皱运动。在原来的许多大地槽中，发生了大规模的海水后退，形成众多高山。这一阶段是加里东运动的后半期，亦即造山时期。贝加尔湖沿岸诸山、东萨彦岭、西萨彦岭、叶尼塞山脉、阿尔泰山、唐努乌拉山、杭爱山以及我国华南的加里东褶皱带，

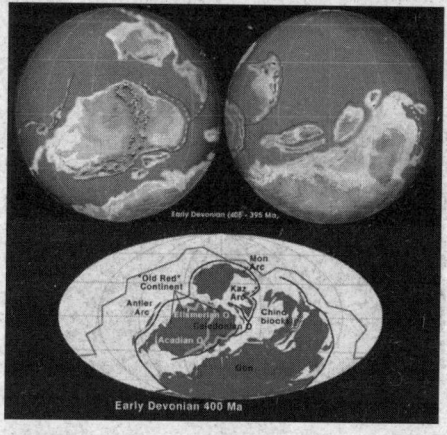

▲加里东运动后半期地球

都是这一阶段形成的。至此，亚洲原有的地槽缩小了，而陆台却扩大了。

"加里东运动"完结后，形成全球范围的海域缩退，其结果是陆地面积进一步扩充了，地形起伏复杂，气候变得干燥炎热。加里东运动的完成标志着早古生代的结束。

 小知识

泥盆纪时期泡沫型和双带型四射珊瑚相当繁盛。早泥盆世以泡沫型为主，双带型珊瑚开始兴起；中、晚泥盆世以双带型珊瑚占主要地位。鹦鹉螺类大大减少，菊石中的棱菊石类和海神石类繁盛起来。正笔石类大部分灭绝，早泥盆世残存少量单笔石科的代表。

鱼类的发展

将近4.5亿年前的硬骨鱼类可能是4亿年前出现的一种新的食肉鱼类的祖先。这些鱼的骨骼不是硬骨而是软骨，鳞细小，有些长着剃刀一样尖利的牙齿，我们称之为鲨鱼。它们从此就在水中占据了统治地位。鲨鱼只是这一时期在海洋中新出现的三种鱼类之一。

消失的生物

◆早期淡水鲨鱼——异刺鲨

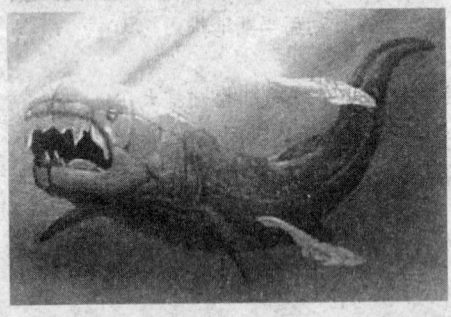

◆体长9米的邓氏鱼

泥盆纪时期，硬骨鱼类进化也很快。硬骨鱼类中最小的、而且种类最多的是辐鳍鱼类。现生辐鳍鱼类有2万种，占所有现生脊椎动物种数的一半。鳍中平行排列的硬骨使得它们运动更迅速、准确。

这一时期出现的第三种鱼类是肉鳍鱼类。它们的鳍圆形，厚且多鳞，内部有强壮的骨骼和肌肉。只有7种肉鳍鱼存活下来——6种肺鱼和空棘鱼类。尽管它们现在很少，但肺鱼或其他肉鳍鱼类可能是所有陆生脊椎动物的祖先。肉鳍进化成四肢。

鲨鱼是由软骨骼而不是硬骨骼支持的。只有现已灭绝的无颌类具有同样的软骨骼。我们的身体（包括耳朵）里也有一些软骨，但它们不能支持身体的重量。鲨鱼的软骨是怎样坚固得足以起到硬骨作用的呢？石灰岩的棱柱状微粒与鲨鱼软骨的外层混合形成网格状构造，而且鲨鱼的确有少量硬骨——软骨骼外的一个薄层。

 广角镜——为什么鲨鱼不会沉下去

　　硬骨鱼类借助充气的鱼鳔保持漂浮状态，而鲨鱼没有这样的鱼鳔。它们借助身体构造浮起来。它们的鳍和吻部都像飞机的机翼一样上面弯下面平，所以在水中游动就产生向上的推力。鲨鱼必须不停地向前游，不能停下来或向后游。但是一些鲨鱼，例如巨大的鲸鲨，在肝脏里存储了大量的轻油以帮助它们上浮。

泥盆纪——鱼类的时代，后期海洋生物大灭绝

 知识库——邓氏鱼

◆邓氏鱼部分头骨化石

邓氏鱼（Dunkleosteus），巨型肉食性鱼类，泥盆纪海洋的真正霸主，体长8～10米，生活于距今3.6至3.7亿年前的非洲、美国和欧洲部分地区。

邓氏鱼是泥盆纪海洋中凶暴的猛兽：强有力的体格加上包裹着甲板的头部。它的体型呈流线型，有点像鲨鱼。邓氏鱼缺少真正的牙齿，而以两长条嶙峋的刃片代替，可以咬断和粉碎任何东西。色素细胞暗示邓氏鱼的背部为深色、腹部为银色。这种鱼对它的食物毫不讲究，它吃鱼、鲨鱼甚至它的同类。且这看起来是邓氏鱼忍受消化不良的结果：它的化石常和被回吐的、半消化的鱼在一起。

泥盆纪生物快速演化原因

在泥盆纪早期，气候变得干燥炎热，适宜这种环境的裸蕨植物获得了迅速发展，泥盆纪晚期，石松类和真蕨类形成了成片的森林。这为陆生生物的发展准备了条件，在当时干热的环境中，水体逐渐干涸，促使一部分鱼类不得不用鳍在泥沼中爬行，当肉鳍演变成四肢，使它们能够爬到树林中去时，一个新的门类出现了，这就是两栖类。事实上，部分植物摆脱海洋登陆，客观上为生物界的发展奠定了条件，因此是生物演化史上的重大事件。

◆泥盆纪气候干燥，鱼类被迫向陆地发展

 消失的生物

 拓展思考

1. 泥盆纪的植物发生了怎样的变化？
2. 泥盆纪的脊椎动物发生了怎样的变化？
3. 泥盆纪为什么会进化出两栖类动物？
4. 什么是"加里东运动"？

泥盆纪——鱼类的时代，后期海洋生物大灭绝

七成物种大灭绝
——泥盆纪的后期

在泥盆纪后期的灭绝期内有70%的物种消失了。海洋生物比那些淡水生物受到的影响要严重得多，像腕足、鹦鹉螺及许多其他的无脊椎类都遭到了毁灭性的打击。而此时在陆地上植物则呈多样性生长，两栖类动物也开始进化，它们损失的种类看样子要少得多。现在让我们记下这些在泥盆纪消失的物种吧。

◆泥盆纪沉积层

泥盆纪化石

泥盆纪是水生脊椎动物飞跃发展的时期，出现了各种类别的鱼，如盾皮鱼类、总鳍鱼类、胴甲鱼类、肺鱼等。因此，泥盆纪有"鱼类时代"之称。

◆泥盆纪三叶虫化石

◆泥盆纪早期原槐叶萍藻

消失的生物

◆早泥盆纪的头甲鱼

中国泥盆纪鱼化石的大多数发现于长江以南,以早泥盆世多鳃鱼类为代表的无颌类和以云南鱼类为代表的原始胴甲鱼类最为典型。

泥盆纪浅海无脊椎动物数量和分异度明显增加。造礁生物大量增加,腕足动物、双壳类和腹足类的科属数量达到极盛。三叶虫逐渐减少,笔石类于早泥盆世后期灭绝。牙形石分布广、演化迅速,是地层划分和对比的化石。

中国的海相泥盆纪地层主要发育在广西中部,集中在南宁附近,那里交通方便,化石异常丰富。早在20世纪30年代初期,中国著名的古生物学家乐森曾评论说:"我国及其邻近的泥盆纪都非常发育,与世界著名的标准剖面对比,毫不逊色。而早泥盆纪的珊瑚化石,可谓甲天下!"

广西的海相泥盆纪化石群可分为两大类型,一是在象州一带,以珊瑚、贝壳为特点,即底栖生物为主的类型,称为象州型;另一个在南丹,以菊石为主,即以浮游或游泳为主的生物类型,称为南丹型。

生物灭绝事件

泥盆纪时期被识别的全球性生物事件至少有8次,其中特别重要的有3次。法西塞拉斯事件或塔凡尼克事件,发生于中、晚泥盆世之交,即发生于腕足动物鸮头贝的灭亡至弓石燕出现之间的时期。腕足类的6个科、四射珊瑚的15个科消失;凯勒瓦瑟尔事件,代表晚泥盆世内部的生物危

◆鸮头贝

泥盆纪——鱼类的时代，后期海洋生物大灭绝

◆ 泥盆纪鱼石螈

机，也称弗拉斯-法门事件，最明显的变化是生物量急剧下降，造礁生物消失，竹节石类、腕足动物的 3 个目、四射珊瑚的 10 多个科灭亡。事件后，世界各地普遍海退，蒸发岩广布，南美出现了冰川沉积；亨根贝格事件发生在接近泥盆-石炭系分界线附近。晚泥盆世盛行的海神石、镜眼虫目三叶虫、盾皮鱼类和无颌类全部灭亡。与此事件相联系的黑色页岩广泛分布于西欧、北美和华南。

 知识库——鸮头贝

鸮头贝是一种腕足类古无脊椎动物，壳大，近圆形，双凸，腹瓣凸度稍高；铰合线短弯；三角孔覆有三角双板，卵形肉茎孔位于三角双板上部；壳面光滑，腹瓣内具高大的中板；背瓣内具叉形的高耸的主突起，背中板短，腕环宽长。

腕足动物是一大类海生无脊椎动物，单体群居，具体腔而不分节，身体两侧对称。它们的软体由两瓣大小不等的外壳所包围，在壳体的后端伸出肉茎，以固着于海底或附着于其他物体上生活，也有的在泥沙中穴居。

◆ 鸮头贝化石

 消失的生物

知识库——镜眼虫

镜眼虫（Phacops），肉食性昆虫，有着向前扩延的凸状眉间。巨大的眼睛的透镜则增强视力。胸部由12个体节构成，每一体节都有许多面，能助其更容易卷曲。有深沟的尾甲，其深沟比头部多。结核上的刻纹成了表皮上的装饰，生活在温暖的浅水域。

◆镜眼虫

 拓展思考

1. 查找相关资料，了解一下泥盆纪的海洋生物有哪些？
2. 泥盆纪灭绝的海洋动物主要有哪些？
3. 泥盆纪海洋生物大灭绝是一次性消失的吗？

泥盆纪——鱼类的时代，后期海洋生物大灭绝

物种因何大灭绝
——可能因气候变化

3.67亿年前，巨大的流星划破夜空坠入大海，天空中电光闪闪。这时全球气候变干，温度下降。洋流以新的形式涡动，使海洋进一步降温，表层水的盐度更高，海洋中的含氧量下降到很低的水平。陨石的撞击可能还引起更多的气候变化。这一时期可能至少有3个或多至6个来自太空的巨大天体撞入海洋中，结果导致包括造礁动物、多种鱼类和腕足类等许多海洋生物灭绝。真的是陨石撞击导致泥盆纪大灭绝吗？

◆泥盆纪古羊齿复原图

剧烈的气候变化

泥盆纪晚期大灭绝是在距今3亿6千万年发生的两次短期剧烈浩劫组成的，两次浩劫持续的时间分别为10万年和30万年左右。每次浩劫都是由于气温的急剧下降而造成的，当时泥盆纪原始海洋的表面温度在较短的时期里从34摄氏度降到了26摄氏度，而海洋生物则完全无法适应如此剧烈的气候变化。

那么又是什么原因导致了海水

◆泥盆纪节甲鱼

消失的生物

◆第一代两栖生物——泥盆纪鱼石螈

温度的下降？比较受支持的说法是小行星撞击或火山灰减弱了阳光的能量，导致海水降温。

在那个时期，植物刚刚开始登陆，蜘蛛和蝎子等生物也刚刚出现，在灾难发生前的一段时期，第一代两栖生物刚刚开始向陆地进发，而和腔棘鱼类似的古代鱼类则几乎全军覆没。科学家们说，直到1000万年后才有脊椎动物再次登陆活动的痕迹出现，如果不是这些脊椎动物幸存了下来，现在世界的生物还不知道会是什么样子的。

在摩洛哥沙漠中，美国路易斯安那州立大学的研究人员发现了在3.1亿年前泥盆纪时期地球受到撞击，并使海洋生物多样性几乎一分为二的有力证据。在泥盆纪撞击地球的陨石的碎片中，存在着奇怪的磁力，这种现象也同样发生在侏罗纪撞击地球的陨石的碎片中。

◆泥盆纪棘螈

上述碎片中都有几个共性：镍、铬等重金属的高含量，碳同位素的急剧变化，在大气中形成的两种名为microsphe和microcrysts的物质微粒以及只可能在剧烈碰撞中才能形成的晶体。因此，人们认定地球生物大灭绝的情况不只发生过一次。人们希望在地球上不同的大陆都能发现类似的证据，来证明生物灭绝时间的全球影响程度。

二叠纪

——生物繁盛，末期大浩劫

　　二叠纪是古生代的最后一个纪，是地球生物圈发生重大变革、更替的时期。在二叠纪晚期，全球发生了地质历史上规模最大、影响最为深远的生物集群灭绝事件。二叠纪晚期的生物灭绝事件造成了地史中最严重的生物危机。研究表明：陆生生物大约70%未能摆脱灭绝的命运；海洋中则至少有90%以上的物种在这一时期消失。很多生物群落迅速退出历史舞台，新的生物群落慢慢崛起。

　　现在就让我们走进这生物群落此消彼长的动荡时期。

二叠纪——生物繁盛，末期大浩劫

生物界从繁盛到灭绝
——二叠纪简介

距今3亿年左右的二叠纪，地球经历了数十亿年的演化之后成了生命的乐园。二叠纪时期的海水温暖而清澈，有很多小生命生活在其中，悠闲自得。在当时的陆地上，森林、草原密布，各种奇树异草随处可见，到处都是郁郁葱葱的繁盛景象。这样欣欣向荣的景象持续了几千万年，一直持续到2.5亿年前，也就是二叠纪的末期，却发生了巨大的变化，迎来了地球生物圈发生重大变革、更替的时期。

到底发生了什么，让我们赶紧走进二叠纪的世界，找寻答案吧。

◆二叠纪

二叠纪概况

二叠纪是古生代最后一个纪（第6个纪），约开始于2.9亿年前，结束于2.5亿年前。在这一期间形成的地层称二叠系。

1841年英国地质学家莫企逊在乌拉尔山脉西坡发现一套发育完整、含有化石较多的地层，可以作为二

◆二叠纪环境复原图

消失的生物

叠纪标准剖面，并依出露地点卡玛河上游的彼尔姆地区命名为Permian系，中译"二叠系"是根据二分性明显的德国地方性名称Dyas意译而来。德国二叠纪地层可明显地分为两部分，下部为红色砂岩，称赤底统（陆相），上部为镁质灰岩，称镁灰岩统（海相）。

二叠纪地层

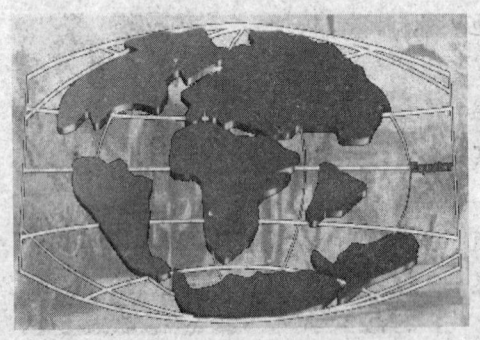

◆二叠纪的地球

> 陆相及煤系沉积多见于东西向地槽系北、南两侧的亚洲、中欧、印度半岛和南半球的多数陆地。

二叠纪地层通常采用二分，即分为下统和上统。近年来，有不少学者主张三分，即分为下、中、上三统。

标准地点乌拉尔西坡的二叠系为一套综合有海相、半咸水相和陆相的沉积。下部的阿舍尔阶、萨克马尔阶和亚丁斯克阶的大部为正常海相；其上的空谷阶和卡赞阶为局限的半咸水相，鞑靼阶则全为陆相。

二叠纪的海水大致以欧亚东西向地槽带、环太平洋地槽带以及富兰克林—乌拉尔地槽带为活动中心，向邻近的大陆地区淹覆。以此为基础的沉积，作用发生明显分异，存在多种沉积岩类型。这些沉积在时间上明显反映出在海退背景下的早、晚期分异。早期正常海沉积广泛发育；晚期除多数地槽及其外围部分继续保持海相沉积外，地槽的回反部分及大陆棚区分别转化为局限的咸化、沼泽化或陆相沉积。

以碳酸盐岩为主的比较发育的沉积主要分布于冒地槽的浅水部分和北半球的浅水地台，包括西西里、小亚细亚、中东、外高加索、盐岭、中亚、克什米尔、帝汶、日本、新西兰和北美太平洋侧等地以及属于地台范围的北美、西伯利亚和中国等地。

以大量碎屑岩和广泛的火山岩系为特征的地层发育于优地槽。最具代

二叠纪——生物繁盛，末期大浩劫

◆二叠纪后期的环境

◆香港马屎洲是二叠纪时期地层

表性的地点为：美国得克萨斯州西部、内华达州、犹他州；亚洲的天山、内蒙古、滇藏、帕米尔；澳大利亚东、西部盆地，西南非，南美阿根廷等地。

冰碛岩类发育于新西兰以外的南半球各大陆和印度半岛以及中国西藏南部的二叠纪早期。这些以陆相地层为主的岩系包括冰碛岩在内，称为冈瓦纳相。

古气候和古地理

不管南部各大陆及印度半岛在二叠纪时是否联成统一大陆，早二叠世的气温被认为是相当低的，其后才逐渐改变。北半球广泛发育的蒸发岩标示一种温暖、干旱的气候，而南半球广泛的含煤建造则标示一种温湿的气候。

二叠纪是造山作用和火山活动广泛分布的时期，归属于海西（华力西）造山运动晚期。北美阿巴拉契亚运动发生

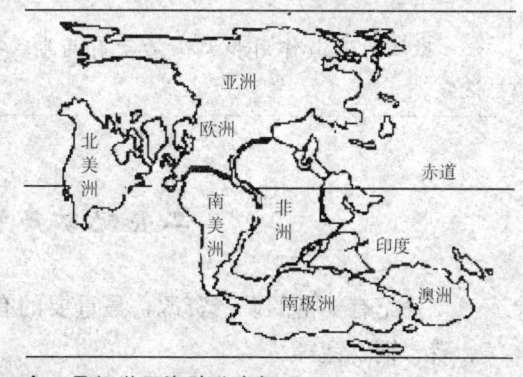

◆二叠纪世界海陆分布概况

 消失的生物

◆蒸发岩

于二叠纪末，是二叠纪最强烈的褶皱运动。西部的科迪勒拉优地槽在连续的地壳运动中伴有强烈的火山活动。

乌拉尔地槽在晚二叠世褶皱隆起，自此欧洲与亚洲陆域融合为一体。中亚及中国北部、西南部地槽带于二叠纪经历了一段复杂的褶皱、变质和广泛而强烈的火山活动，包括花岗岩侵入及中、酸性熔岩与凝灰岩的喷出。

中国西南陆棚范围内出现大面积的高原玄武岩流及凝灰质沉积。日本亦大致有早、晚两期造山作用。

二叠纪古地理一个突出的特点，是欧亚东西地槽带即特提斯海域的存在。特提斯海域环境复杂，包括浅水和深水区、活动区和相对稳定的地区。

二叠纪末大面积的海退，使世界上大部分地区早二叠世及晚二叠世早期海域退缩殆尽。但中国华南、巴基斯坦和伊朗一带二叠、三叠纪间始终保持海域环境。

 小知识

欧洲的造山作用和火山活动有两期。早期火山活动广泛，晚期趋于沉寂。

二叠纪矿产资源

二叠纪有丰富的矿产资源，最重要的有岩盐、钾盐、煤、石油和天然气、磷、铜、锰等。

蒸发岩类主要见于美国西部得克萨斯州、德国的镁灰岩盆地以及荷

二叠纪——生物繁盛，末期大浩劫

兰、英国、丹麦和波兰等地。岩盐多分布于白俄罗斯、俄罗斯。二叠纪的煤，不论质和量均居重要地位，主要产地有西伯利亚中、北部，中国，印度，澳大利亚，南非，津巴布韦和刚果。西半球在此时期无重要煤矿。

石油和天然气主要产于美国的俄克拉何马州和得克萨斯州，俄罗斯的欧洲部分，荷兰和德国等地。

磷矿见于美国的蒙大拿州、爱达荷州、怀俄明州等地，俄罗斯乌拉尔山西部，中国东南部的江苏、浙江和福建等地。铜矿见于德国的含铜页岩层。中国西南地区亦有与玄武岩关系密切的沉积铜矿。锰矿见于中国南方陆表海的浅水含锰硅质岩层中。

 概念介绍

什么是蒸发岩

蒸发岩是一种化学沉积岩。由湖盆、海盆中的卤水经蒸发、浓缩，盐类物质依不同的溶解度结晶而成。海湾、潟湖和大陆上的干燥地区是蒸发岩形成的有利环境。寒武纪、志留纪、泥盆纪和二叠纪是世界上重要的蒸发岩形成时期，中国则以三叠纪、白垩纪和第三纪为主。蒸发岩是重要的矿产资源，广泛用于农业和工业。

 拓展思考

1. 二叠纪因何而得名？距现在多久？
2. 二叠纪的陆地与现在的陆地有何区别？
3. 二叠纪造山运动有哪些？
4. 二叠纪主要矿产有哪些？

消失的生物

爬行动物大繁盛
——二叠纪的生物演化

◆二叠纪的小生物

◆二叠纪植物群示意图

这是一个比恐龙出现还早几百万年的时代,那时地球上虽还没有恐龙,却有着同样奇异、只不过鲜为当今世人所知的兽孔目爬行动物。在二叠纪时期的大陆上,随处可见这样五六十种不同种类的爬行动物。它们对食物各有偏好,因而能和睦共处。在长达3000万年的时间里,正是这些奇异的动物在统治着地球。

这是一个繁盛而又稳定的世界,和当今世界一样充满了生存竞争。这里植被葱翠,蕨齿类植物随处可见,当然还有其他许多青树异草。现在就让我们靠近和了解这个神奇的生物世界吧。

二叠纪的植物演化

　　二叠纪的生物,内容丰富,不论是动物或植物都显示出与石炭纪有一定的演化连续性。

　　二叠纪早期的植物群与晚石炭世相似,以真蕨和种子蕨为主。晚期植物群有较大变化,鳞木类、芦木类、种子蕨、柯达树等趋于衰微或濒于灭

二叠纪——生物繁盛，末期大浩劫

绝，代之以较进化或耐旱的裸子植物，松柏类数目大为增加，苏铁类开始发展。这一变化在北方大陆反映较明显，一般被认为这里的中植代始于二叠纪晚期。

在地理分异上，欧亚大陆和北美为北方植物群，下分安加拉、欧美和华夏3个植物亚群；而南大陆及印度半岛为舌羊齿植物群。欧美区和华夏区植物群为热带—亚热带产物，安加拉和冈瓦纳区植物群属温带和温带偏凉环境。动物界的腕足类、珊瑚类和蜓类等也有反映暖水和非暖水的地理分区现象，但其分布的边界和气候条件与植物界并不完全一致。这种气候分带和生物地理分区现象，是影响生物演变和发展的主要因素之一。

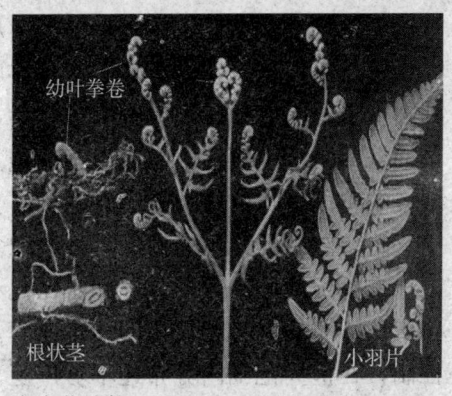
◆真蕨植物

◆二叠纪植物群

二叠纪的无脊椎动物演化

◆二叠纪早期的生物

◆菊石化石

消失的生物

无脊椎动物方面，腕足类继续繁盛，其中长身贝类占优势。软体动物亦为重要组成部分，其中菊石类具有明显生态分异，在相对局限的华南与外高加索等陆棚地区有大的演化辐射，出现不少地方性类型。四射珊瑚在早期繁盛，至晚期逐渐衰减而至灭绝。牙形刺与石炭纪末期相似，是发展缓慢的阶段。苔藓虫类处于衰退期。介形类的速足目渐趋繁盛。三叶虫趋于灭绝。昆虫开始迅速发展，种类增多。

二叠纪地层有效的分层和对比化石主要是菊石，优点是它们显示有易于辨认的演化趋势和较快的演化速率。不足之处是它们的生存往往受岩相控制，在世界范围内分布还不够广泛。所以，近年来有人主张对牙形刺和放射虫等进行深入研究，从而更有利于海相二叠纪地层的全球对比。

二叠纪的脊椎动物演化

◆二叠纪的脊椎动物

鱼类中的软骨鱼类和硬骨鱼类等有了新发展，软骨鱼类中出现了许多新类型，软骨硬鳞鱼类迅速发展。两栖类进一步繁盛。爬行动物中的杯龙类在二叠纪有了新发展；中龙类游泳于河流或湖泊中，以巴西和南非的中龙为代表；盘龙类见于石炭纪晚期和二叠纪早期；兽孔类则是二叠纪中、晚期和三叠纪的似哺乳爬行动物，世界各地皆有发现。脊椎动物的重要代表为两栖动物的迷齿类和爬行动物。

爬行动物虽然发生在石炭纪，但其首次大量繁盛是发生在二叠纪。爬行动物的杯龙目、龙目和兽孔目3个主要分类在二叠纪时均有存在。它们作为现代爬行类、鸟类和哺乳动物的先祖（或其近亲），相当活跃地生活于南美和前苏联欧洲部分等内陆地区。

二叠纪——生物繁盛，末期大浩劫

广角镜——二叠纪生物礁

二叠纪是地球发展史上重要的成礁期。当时，海水温暖而又清澈，喜欢生活在浅海的各种钙藻和海绵动物大量繁殖，死后又被藻类缠绕包覆，天长日久，终于形成了厚厚的礁体。世界上二叠纪生物礁类型多样，造礁生物十分丰富，在许多地区并含有丰富的油气资源。

二叠纪生物礁基本上分布在南北纬30°之间，因此它们代表温暖气候条件下发育成长的礁，与现代珊瑚礁的分布十分相似，并具有与其相似的生态条件。

◆二叠纪珊瑚

拓展思考

1. 二叠纪植物有哪些？
2. 二叠纪的无脊椎动物如何演化？
3. 二叠纪的脊椎动物进化程度如何？
4. 请你勾勒出一幅二叠纪时期的地球面貌图。

消失的生物

2.5亿年前大事变
——二叠纪末生物大灭绝

距今约2.5亿年前的二叠纪末期，发生了有史以来最严重的大灭绝事件。这次大灭绝使得占领海洋近3亿年的主要生物从此衰败并消失，让位于新生物种类，生态系统也获得了一次最彻底的更新，为恐龙类等爬行类动物的进化铺平了道路。科学界普遍认为，这一大灭绝是地球历史从古生代向中生代转折的里程碑。

◆二叠纪晚期的丽齿兽

在这次灭绝中永远消失的生物太多了，让我们用一些篇幅留下它们的局部缩影吧。

灭绝物种的总体情况

◆二叠纪早期的宽颚蜥

◆二叠纪全军覆没的三叶虫

二叠纪——生物繁盛，末期大浩劫

2.51亿年前的地球，海洋和陆地的生物突然经历了一次最大规模的涤荡，这就是地球生物历史上规模最大的一次灭绝——"二叠纪末生物大灭绝"。有统计显示，当时地球上96%的海洋生物物种和75%左右的陆地生物物种在这一时期全部灭绝了。

陆地上原本繁盛的两栖类，爬行类和昆虫等几乎被消灭得一干二净，海洋中无脊椎动物和珊瑚等生物也是损失惨重，比较为人所认知的三叶虫更是全部被消灭掉，没有一种留到中生代。而更为人们关注的，使恐龙灭绝的白垩纪末期灭绝事件，其规模也只有二叠纪末期灭绝事件的1/3。这次灭绝使生物演化进程产生如此重大的转折。

通过研究证实，二叠纪生物大灭绝，实际上经历了三个明显不同的阶段：首先是陆地上的动植物开始消失，这一阶段大约持续了4万年，最终导致部分物种灭绝；然后是海洋生物迅速灭绝，持续时间比第一阶段短得多，物种灭绝也迅猛得多，最终导致海洋生物几乎全军覆灭；最后是陆地上生物的大灭绝。三个阶段总共持续了8万年。

在二叠纪大灭绝后，地球的生态系统发生了彻底的改变，那些不动或不会寻找食物的海洋生物大部分都消失不见，改由会自行寻找食物的较复杂物种取代。地球生物面貌发生了重大的改变。

消失的无孔亚纲动物

无孔亚纲动物是最原始的爬行动物，出现于石炭纪晚期，下分三个目：杯龙目、龟鳖目、中龙目，现存仅有龟鳖目。其中的杯龙目和中龙目动物在二叠纪大灭绝中全部消失。

杯龙目是最原始的爬行类，头骨表面有纹饰，吻短，松果孔大，无次生腭。头部各骨骼未退化。最早见于晚石炭世早期的林蜥，体细长而小，约80厘米。头骨结构属典型的杯龙类。而本目中了解得比较详细的化石，

消失的生物

◆无孔亚纲动物——林蜥

◆杯龙目化石及复原图

则是发现于美国新墨西哥州下二叠纪统的湖龙，身细长，约1.5米。四肢强壮，头稍长，较高而窄（两栖类则显得扁平），眼侧生，两顶骨的骨缝间尚有松果孔。上、下颌边缘具锋利的牙齿，间椎体缩小，肩胛骨与鸟喙骨复合，肠骨扩大，荐椎2块。在我国华北上二叠统石千峰群内亦发现有此类化石，名为石千峰龙。

  知识库——四射珊瑚

　　四射珊瑚属古无脊椎动物，也称"皱纹珊瑚"，属于珊瑚虫纲。骨骼有外壁及各种类型的隔壁、横板、复中柱（或中轴）、泡沫组织等。外形分单体和群体。

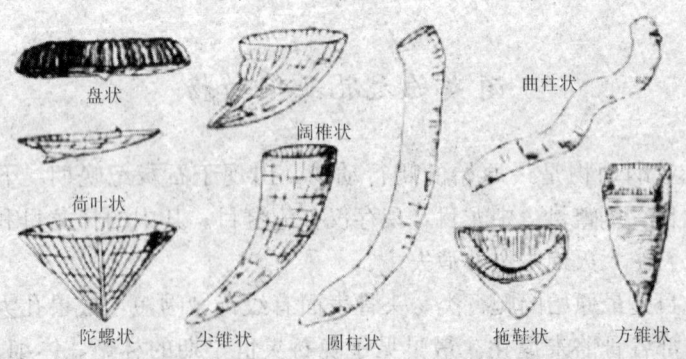

◆四射珊瑚单体外形

二叠纪——生物繁盛，末期大浩劫

单体珊瑚有锥状、拖鞋状、盘状等；群体珊瑚有树枝状、多边状、互通状等。营底栖固着生活。开始出现于中奥陶世，灭绝于二叠纪；泥盆纪、石炭纪最为繁盛。某些种属地理分布广，延续时间短，可作为标准化石。

四射珊瑚的骨骼是个灰质座，是珊瑚虫生长栖息的场所。珊瑚的外部构造一般均由外壁围成，表壁是位于外壁表，表面的一层灰质薄膜是珊瑚体壁下垂的部分在上移过

◆四射珊瑚化石

程中分泌的生长线纹，细的叫横纹，竖的叫皱。根据现代珊瑚的研究，每一条细的生长线代表一昼夜，每一个生长带或生长周代表每个月，每年的生长周期。因此，当珊瑚的体表保存完好时，可以通过计算每一个生长皱所包含的生长线的数目，推算出当时每年的天数，这就是所谓的"古生物钟"的研究。

拓展思考

1. 为什么说二叠纪生物大灭绝是最大的一次生物灭绝？
2. 二叠纪海洋灭绝的生物有哪些？
3. 珊瑚为什么被称为"古生物钟"？

 消失的生物

谁是刽子手
——火山爆发 OR 小行星撞击

回顾整个地球历史，自有生命以来，地球至少经历了五次生物灭绝事件，每一次都让地球上不计其数的生命遭受灭顶之灾。其中发生在2.5亿年前的二叠纪末期生物灭绝事件，无疑是最残酷的。

现在就让我们一起来了解这个有史以来最严重的生物大灭绝事件的相关情况吧。

◆二叠纪面貌

神秘的地球生命"大清洗"

◆二叠纪的茂密森林

距今3亿年左右的二叠纪，地球经历了数十亿年的演化之后成了生命的乐园。二叠纪时期的海水温暖而清澈，有很多小生命生活在其中，例如珊瑚虫、苔藓虫、有孔虫、海绵等等。这些小生命在海洋中繁衍生长，在长达数千万年的时间里，创造了一个生命奇迹——超大面积的海洋生物礁。

在二叠纪时期的陆地上，森林、草原密布，各种奇树异草随处可见，到处都是郁郁葱葱的繁盛景象。随着生物多样性的进一步发展以及受不同环境的影响，陆生植物在全球范

二叠纪——生物繁盛，末期大浩劫

◆二叠纪的异齿龙被认为是哺乳动物的先驱

围内形成了四大植物地理区。在这些二叠纪的蕨齿类、木本石松类植物中间，飞舞着各式各样的昆虫，它们大多跟我们今天看到的蜻蜓、蝗虫、蟑螂和甲虫相似；在森林、草原和沼泽，也随时可以看到各种各样的大型动物生活其间，它们大多2到3米长，有的甚至能达到5米以上。

这种欣欣向荣的景象持续了几千万年，一直持续到2.5亿年前，也就是二叠纪的末期，却发生了巨大的变化。科学家们发现众多的动植物化石在二叠纪末期的地层中突然奇迹般地全部失踪。也就是说，之前我们描述的那些热闹的生物礁、茂密的植物、飞舞的昆虫和各种大型动物，在这个时期一下子从地球上消失了。地球不再是生命的乐园，大部分生命在短时期内荡然无存，只剩下极小部分的生物在苦苦挣扎。据科学家统计，有多达95%的海洋生物和70%的陆生脊椎动物在二叠纪末期惨遭灭绝，即便是人所共知的白垩纪"恐龙灭绝"事件，其规模也仅仅相当于这次灭绝事件的三分之一。

那么，究竟是什么导致了这次地球生命"大清洗"事件呢？科学家们运用各种手段对二叠纪末期的岩石进行研究，挖掘其中蕴藏的信息，以获悉当时到底发生了什么。

 小知识

研究中发现，大灭绝时那些不动或不会寻找食物的海洋生物大部分都消失不见，改由螃蟹或水蛇等会自行寻找食物的较复杂的物种取代。

消失的生物

万花筒

二叠纪的海洋变化

在二叠纪的大部分时间里，海洋都是一片"椰林树影，水清沙幼，蓝天白云"景象；可是到了二叠纪末期，海洋环境变得完全不同了。科学家们经过多年的研究发现，二叠纪末期的海洋居然是一个缺少氧气的海洋。

天外来客？

◆天外来客

科学家们的研究都认为这一次的大灭绝不是单一原因造成的，而是多种原因共同作用的结果。

与地球上所有曾经发生过的灾变事件一样，科学家首先怀疑"天外来客"——例如我们常提到"在6500万年前的白垩纪，一颗巨大的小行星击中地球，于是恐龙灭绝了"。从上世纪90年代到本世纪，一些科学家对二叠纪末期的地层岩石进行研究，发现有一种叫铱的金属元素非常富集。铱这种金属主要来自外太空，而地球上出现的铱元素富集现象通常与小天体的撞击有关。比如，科学家最早就是据此得出了白垩纪恐龙灭绝的天体碰撞成因说。很自然地，这些科学家也怀疑二叠纪末期的生物灭绝事件与小行星的撞击有关。

通过进一步研究，科学家们又在二叠纪末期的地层岩石中发现了富勒烯、微粒球和冲击石英等证据，其中富勒烯是一种特殊的物质，它的结构里面包裹着一些地外气体。还有研究者在南极的格拉菲特山峰发现了一些

二叠纪——生物繁盛，末期大浩劫

陨石碎片，这些陨石碎片恰好夹在二叠纪末期的地层岩石中。这些证据似乎都将造成二叠纪末期生物灭绝的元凶指向了外来天体的撞击。

这些科学家认为，在大约2.5亿年前有一颗小行星或者彗星猛烈地撞击了地球，其威力巨大，造成的强烈震波迅速席卷全球，瞬间杀死了上千平方千米内的所有生物。更厉害的是，这次撞击激起了巨量的尘埃，这些尘埃悬浮在空中遮天蔽日，一方面造成全球气温下降，另一方面又阻碍了生物的光合作用，使整个生态系统遭到严重破坏。这必然造成生物的大灭绝。

但是近些年来，反对这种假说的声音逐渐多了起来。首先，这么大的撞击事件，必然会在地球上留下痕迹，比如造成恐龙灭绝的那次撞击事件就在墨西哥留下了一个大坑。而至今也没有人发现发生在二叠纪末期这次撞击留下的撞击坑。其次，这样剧烈的撞击还会造成岩石碎片和尘埃遍布全球，而至今除了在南极发现的一点陨石样品，再没有别的陨石在二叠纪末期地层的岩石中被发现。

◆二叠纪经历过冰期

◆二叠纪曾经的繁盛

消失的生物

火山爆发？

早在20世纪90年代，科学家在西伯利亚的冻土层下面发现了绵延数千千米的火山岩，这一套岩石被称为"西伯利亚大火成岩省"。火山岩的形成自然与火山和岩浆有着最直接的联系。可以想象，在很多年前的西伯利亚，连绵数千千米的地壳被火山熔岩撕裂，岩浆如洪水般涌出，在数百万平方千米土地上肆虐蔓延，最终冷却造就了这一规模雄伟的火山岩。科学家们通过进一步研究发现，这次巨大的火山喷发事件发生在大约2.5亿年前，前后延续了100多万年。

◆二叠纪气候改变

随着探索工作的进一步发展，科学家们在中国西南的峨眉山和印度西北的潘加也都发现了大规模的火成岩省，这些火山岩与西伯利亚大火成岩省的形成时间比较接近。这些大规模的火山喷发事件与二叠纪末期的生物灭绝事件在时间上也比较吻合。于是科学家自然就考虑，这些火山爆发事件跟生物灭绝事件会不会有什么关系呢？

科学家们对现代和古代的一系列火山喷发事件进行了研究，了解到大规模火山爆发，会对全球气候产生巨大的影响。科学家们认为，持续不断的火山喷发，会把大量火山气体和火山灰带进地球大气层：一方面，大量的火山灰喷入空中，进而弥漫到全球各个地区，它们会遮挡阳光的照射，这样就阻碍了植物的光合作用，并从根本上破坏了整个地球的生物链；另

二叠纪——生物繁盛，末期大浩劫

一方面，火山喷出的二氧化碳气体经过长期的积累，必然造成温室效应，使地球温度持续上升；再就是火山爆发还喷出大量剧毒的二氧化硫气体，直接毒害生物，这种气体还与空气中水蒸气结合形成酸雨，落到地表和海洋中，造成生态环境的极大破坏。

科学家利用这些理论，提出了二叠纪末期全球生物灭绝事件的"火山成因说"。但是，仅仅靠这些猜测和联系是远远不够的，科学家还需要找到更加直接的证据，将火山爆发和二叠纪生物灭绝紧紧地联系起来。

◆火山爆发是主因？

通过不断的研究，科学家发现了世界某些地方二叠纪岩石的特殊性。通过将这些岩石记录进行对比研究，科学家们发现火山喷发与浮游生物的灭绝几乎是同时发生的，这直接说明了在二叠纪，火山喷发与生物灭绝事件关系密切。

随着更多证据的发现，现在大部分科学家都相信，二叠纪末期的大规模火山爆发可能是这次生物灭绝事件的源头。火山爆发向大气中喷射大量的火山灰和各种火山气体，它们直接或者间接地影响到了整个地球的生态环境，再经过一系列的连锁反应，最终导致了二叠纪末期的生物灭绝事件。

知识窗——"火山成因说"证据

2009年5月，包括中国科学家赖旭龙在内的中美联合研究小组，在著名杂志《科学》上发表了一篇论文，为"火山成因说"提供了最有力、最直接的证据——这些科学家在中国的四川省找到了两套非常相似的地层。经过鉴定，这两套地层大概都产于2.6亿年前，每套地层中都同时包含了两种不同的岩石，一是峨眉山大火成岩省的火山岩，一是二叠纪的沉积岩。其中火山岩代表着二叠纪的火

消失的生物

山喷发事件，而沉积岩中则记录了某些浮游生物的灭绝。通过将这些岩石记录进行对比研究，科学家们发现火山喷发与浮游生物的灭绝几乎是同时发生的，这直接说明了在二叠纪，火山喷发与生物灭绝事件关系密切。

海洋缺氧？

有证据显示，二叠纪末期的海洋发生了缺氧事件。在格陵兰东部的一个二叠纪末期海相沉积层，指出当时有明显、快速的海洋缺氧现象。而数个二叠纪末沉积层的铀/钍比例，也指出在这次灭绝事件发生时，海洋有严重的缺氧现象。

缺氧事件可能导致海洋生物的大量死亡，只有栖息于海底泥层、可以进行缺氧呼吸的细菌不受影响。另有证据显示，这次海洋缺氧事件，造成海床大量释放硫化氢。

海洋缺氧事件的原因，可能是长时间的全球暖化，降低赤道区与极区之间的温度梯度，进而造成温盐环流系统的缓慢，甚至停止。温盐环流系统的缓慢或停止，可能使得海洋中的含氧量减少。

但是，某些研究人员架构出二叠纪末期的海洋温盐环流系统，认为当时的温盐环流系统无法解释深海区域的缺氧现象。

◆上面为灭绝前的海洋生物，下面是灭绝后的海洋生物

◆海洋缺氧导致海洋生物大量灭绝

二叠纪——生物繁盛，末期大浩劫

硫化氢？

二叠纪末期发生的海洋缺氧事件，可能使硫酸盐还原菌成为海洋生态系统中的优势物种，包含脱硫杆菌目、脱硫弧菌目、互营杆菌目、热脱硫杆菌门，这些生物会制造大量的硫化氢，过量的硫化氢会对陆地、海洋中的动植物造成毒害，并破坏臭氧层，使生物暴露在紫外线下。在二叠纪末到三叠纪早期发现许多绿菌，它们进行不产氧光合作用，释放出硫化氢。绿菌的兴盛时期，与二叠纪末灭绝事件和事后的长期复原，时期相符。大气层中的二氧化碳增加，植物却大规模灭亡，硫化氢理论可以解释植物的大规模灭亡。二叠纪末地层中的孢子化石，多数带有不正常特征，可能是由硫化氢破坏臭氧层，大量的紫外线进入地表造成。

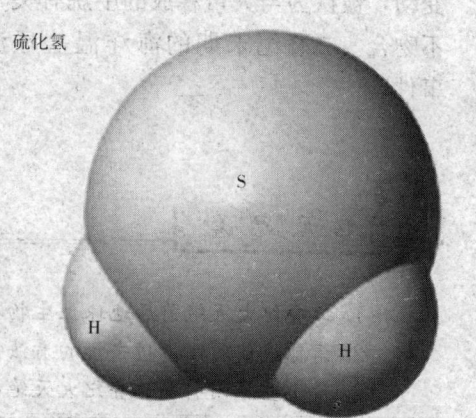

◆可能是硫化氢导致了二叠纪大灭绝

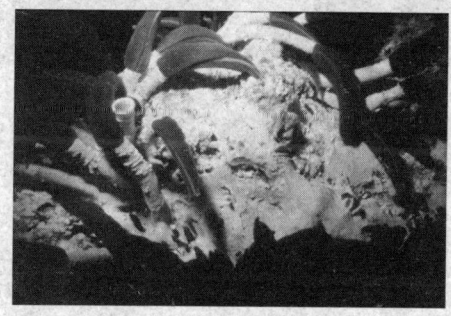

◆有学者称海洋苔藓大范围死亡引发生态连锁反应，酿成了2.51亿年前"物种大灭绝"

多重原因？

二叠纪灭绝事件的产生原因，可能由上述事件连锁、交错形成，并日趋严重。西伯利亚地盾的火山爆发，除了产生大量的二氧化碳与甲烷，也破坏邻近地区的煤层与大陆架。接下来的全球暖化，间接导致地质历史上最严重的海洋缺氧事件。海洋的缺氧，使绿菌等进行不产氧光合作用生物

 消失的生物

的兴起，它们释放出大量的硫化氢。

　　但是，这连锁、交错的事件，部分环节相当薄弱。碳13/碳12比例的变动，被认为与大量释放的甲烷有关，但两者在三叠纪早期的变动模式并不吻合。二叠纪末期的海洋温盐环流系统，不会造成深海区域的缺氧事件。

 **拓展思考**

1. 二叠纪大灭绝前后地球上生物有何变化？
2. 请你谈谈对陨石撞击说的看法？
3. 是哪些原因引发二叠纪大灭绝的？

三叠纪
——生物界的巨大变化

  三叠纪是整个地球发生巨大变化的时代。会飞的爬行动物翼龙第一次飞向天空，巨大的爬行动物第一次畅游大海。二叠纪的干燥性气候延续到了早、中三叠世，到了中三叠世晚期植物才开始逐渐繁盛。晚三叠世时，裸子植物真正成了大陆植物的主要统治者。

  现在就让我们走进三叠纪，沿着爬行动物开始崛起的道路，领略地球又一次换上的新装的魅力吧。

三叠纪——生物界的巨大变化

爬行动物、裸子植物的舞台
——三叠纪简介

三叠纪开始于2.5亿年前，那个时候大量的动物不管是陆地上的还是海洋中的，都开始逐渐灭绝。三叠纪是中生代的第一个纪，是古生代生物群消亡后现代生物群开始形成的过渡时期。尽管生物的复苏进行得很缓慢，但是爬行动物开始走上生物发展的舞台，不断壮大。同时，裸子植物开始统治植物界，地球也换上了新装。

◆三叠纪复原图

三叠纪简介

三叠纪是中生代的第一个纪。它位于二叠纪和侏罗纪之间，始于距今2.5亿年至2.03亿年，延续了约4500万年。日本首先将希腊文"Trias"译为三叠纪，我国地质界沿用了这一名称。此期形成的地层称为三叠系，代表符号为"T"。三叠纪分为早、中、晚3个世。

海西运动以后，许多地槽转化为山系，陆地面积扩大，地台区产生了一些内陆盆地。这种新的古地

◆三叠纪奥古斯塔龙

消失的生物

◆三叠纪晚期的植物

理条件导致沉积相及生物界的变化。从三叠纪起，陆相沉积在世界各地，尤其在中国及亚洲其他地区都有大量分布。古气候方面，三叠纪初期继承了二叠纪末期干旱的特点；到中、晚期之后，气候向湿热过渡，由此出现了红色岩层含煤沉积、旱生性植物向湿热性植物发展的现象。植物地理区也同时发生了分异。

小知识

一些爬行动物在二叠纪大灭绝中幸存下来，其中包括似哺乳爬行类动物。比如水龙兽，大灭绝后开始迅速繁衍。

知识库——海西运动

海西运动又称华力西（Varisian）运动，晚古生代地壳运动的总称。由德国海西山得名。其所形成的褶皱带，称海西或华力西褶皱带。海西运动起初在德国用于不同时期褶皱、断裂作用造成的任何山地，后限指晚古生代造山运动。海西运动使西欧的海西地槽、北美东部的阿帕拉契亚地槽、欧亚交界的乌拉尔地槽、中亚哈萨克地槽及中国的天山、祁连山、南秦岭、大兴安岭等地槽褶皱回返，形成巨大山系。此时北半球各古地台之间的地槽带变为剥蚀山地。海西运动的完成，标志着古生代

◆天山在海西运动时形成

三叠纪——生物界的巨大变化

的结束。

三叠纪气候

代表三叠纪的典型红色砂岩向我们表明，当时的气候比较温暖干燥，没有任何冰川的迹象，那时的地球两极并没有陆地或覆冰。地球表面的地理分布决定了各地的气候，靠近海洋的地方自然是比较湿润而草木茂盛，但是由于陆地的面积十分广阔，使带湿气的海风无法进入内陆地区，大陆中部便形成了一个很大的沙漠，所以陆地上的气候相当干燥，这进而使得较耐旱的蕨类品种及不过分依赖水繁殖的针叶树逐渐在这些地区取得了竞争优势。

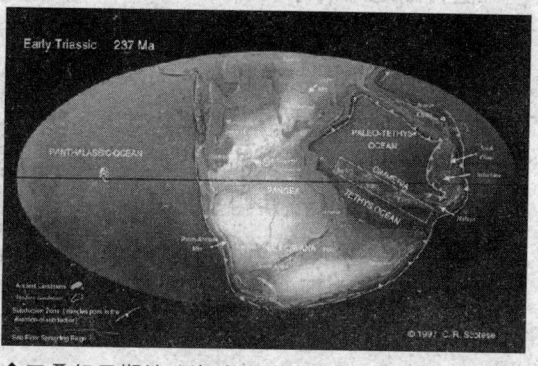

◆三叠纪早期地球海陆分布图

三叠纪时期的地球与现今的地球截然不同，只有一块大陆，这块大陆被称为泛古陆，大致位于现在非洲所在的位置。泛古陆分为北边的劳拉西亚古陆和南边的冈瓦纳古陆。劳拉西亚古陆包括了今日的北美洲、欧洲和亚洲的大部分地区，冈瓦纳古陆则包括了现在的非洲、大洋洲、南极洲、南美洲以及亚洲的印度等部分地区。不过到三叠纪中期，泛古陆开始出现分裂的前兆，在北美洲、欧洲中部和西部、非洲的西北部均出现了裂痕。

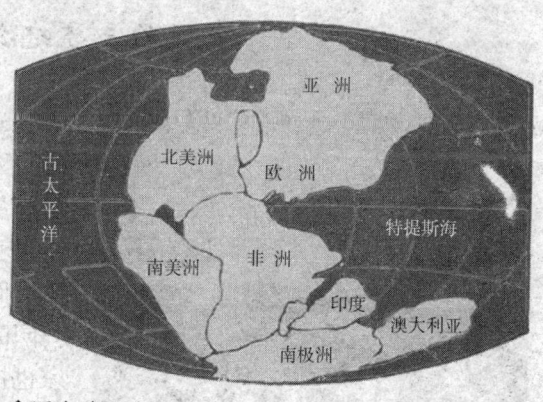

◆泛古陆

消失的生物

三叠纪的海洋

泛古陆之外的地表上是一片一望无际的超大海洋，这个海洋横跨2万多千米，面积大小和今天的所有海洋的总面积差不多。而且由于当时地球上只有一个大陆，因此当时的海岸线比今天要短得多。三叠纪时遗留下来的近海沉积比较少，并且大多分布在现在的西欧地区，因此三叠纪的分层主要是依靠暗礁地带的生物化石来确定的。

◆贵州三叠纪沉积岩

中国的三叠纪公园

◆关岭生物群复原图

三叠纪公园是三叠纪地质公园的简称。早在数年前，当"关岭生物群"发现时，贵州地矿局的地学专家就提出过建立三叠纪公园的想法。而在关岭生物群申报国家地质公园的评审会上，全国知名地学专家也提出相似的建议。

贵州素有"沉积岩王国"和"古生物王国"之称。贵州的国土面积中80%以上是沉积岩分布区。这些沉积岩是在地表常温常压下，更多是在海洋、河流和湖泊等环境下，由沉积物成岩形成。沉积岩主要有灰岩、白云岩、砂岩和页岩。这些

三叠纪——生物界的巨大变化

环境是生物生息繁衍的理想场所。古生物化石分布在距今 10 亿年以来形成的岩石中，共计有 20 多个门类、200 多个科、2000 多个属（亚属）和 4000 多个种（亚种），包括原生动物、古杯动物、海绵动物、软体动物、苔藓动物、节肢动物、棘皮动物、笔石动物、半索动物、脊椎动物、植物等生物分类的主要门类。

> 贵州西部许多著名的旅游景点，也是由三叠纪地层在地质作用下形成的，例如黄果树瀑布群。

在贵州，三叠系露头分布占贵州沉积岩分布区总面积的 45% 左右，深海、半深海、浅海、陆地等各种环境的沉积岩石都有。

拓展思考

1. 三叠纪时期地球面貌是怎样的？
2. 什么是海西运动？
3. 查阅相关资料，进一步了解"关岭生物群"。

消失的生物

恐龙来了
——三叠纪生物演化

◆体大如牛的三叠纪爬行动物

三叠纪的生物界面貌大大不同于晚古生代的二叠纪，在海洋中，随着二叠纪末大量生物门类的灭绝，代之而起的是全新的生物群体。在陆地上，裸子植物继续保持着优势，不断发展壮大。现在就让我们来认识这些二叠纪大灭绝后新生的生物吧。

动物变革

陆生爬行动物比二叠纪有了明显的发展。古老类型的代表（如无孔亚纲和下孔亚纲）基本灭绝，新类型大量出现，并有一部分转移到海中生

◆三叠纪早期的加斯马吐鳄

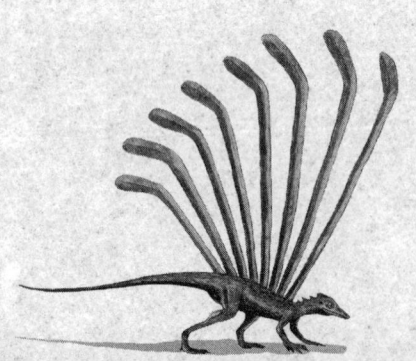
◆早三叠纪长鳞龙

三叠纪——生物界的巨大变化

活。原始哺乳动物在三叠纪末期也出现了。由于陆地面积的扩大,淡水无脊椎动物发展很快,海生无脊椎动物的面貌也为之一新。菊石、双壳类、有孔虫成为划分与对比地层的重要门类,而筳及四射珊瑚则完全灭绝。

爬行动物在三叠纪崛起,主要由槽齿类、恐龙类、似哺乳的爬行类组成。典型的早期槽齿类表现出许多原始的特点,且仅限于三叠纪,其总体结构是后来主要的爬行动物以至于鸟类的祖先模式;恐龙类最早出现于晚三叠世,有两个主要类型:较古老的蜥臀类和较进化的鸟臀类。海生

◆三叠纪海生动物化石"贵州龙"

> 本内苏铁目是裸子植物已灭绝的一个目,又称拟苏铁目,外形和乔木状的苏铁植物相近似。

爬行类在三叠纪首次出现,由于适应水中生活,其体形呈流线式,四肢也变成桨形的鳍;似哺乳爬行动物亦称兽孔类,四肢向腹面移动,因此更适于陆地行走。

原始的哺乳动物最早见于晚三叠世,属始兽类,所见到的化石都是牙齿和颌骨的碎片。

三叠纪时,晚二叠世幸存的齿菊石类大量繁盛起来,中、晚三叠世的大部分菊石有发达的纹饰,有许多科是三叠纪所特有的。菊石的迅速演化为划分和对比地层创造了极重要的条件。

双壳类也有明显变化,晚古生代的种类只有很少数继续存在,产生了许多新种类,并且数量相当繁多。尤其在晚三叠世,一些种属的结构类型变得复杂,个体也往往比较大。由于三叠纪的环境与古生代不同,非海相双壳类逐渐繁盛起来。

消失的生物

广角镜

贵州龙古生物化石

贵州龙是生活距今2.4亿年前的水陆两栖爬行类动物。早在1957年5月，中国地质博物馆胡承志先生从云南到贵州，在黔西南顶效绿荫村发现该动物化石，后经中国科学院古脊椎动物与古人类研究所所长杨钟健教授研究，命名为"贵州龙科贵州龙属胡氏贵州龙"。

此后，国内科研人员在同一地区采集到大量贵州龙化石的同时，又发现不少鱼类化石，经研究分别命名为"东方肋鳞鱼"、"贵州中华真鳄鱼"、"兴义亚洲鳞齿鱼"等。

植物变革

◆活化石——德保苏铁

裸子植物的苏铁、本内苏铁、尼尔桑、银杏及松柏类自三叠纪起迅速发展起来。其中除本内苏铁目始于三叠纪外，其他各类植物均在晚古生代就开始有了发展，但并不占重要地位。二叠纪的干燥性气候延续到了早、中三叠世，到了中三叠世晚期植物才开始逐渐繁盛。晚三叠世时，裸子植物真正成了大陆植物的主要统治者。

三叠纪的陆地生物

在三叠纪物种大灭绝到来之前，地球的统治者是一些长得有点像哺乳类动物的兽孔目爬行动物，它们的数量比那些恐龙的祖先们——通常被人们称为祖龙或古蜥要多得多。然而恐龙要比兽孔目爬行动物的适应力强得

三叠纪——生物界的巨大变化

多,兽孔目爬行动物遭受灭顶之灾,而恐龙最终逃过了灭绝的命运。

　　三叠纪是整个地球发生巨大变化的时代。会飞的爬行动物翼龙第一次飞向天空,巨大的爬行动物第一次畅游大海。在陆地上,爬行动物包括大型肉食性动物,轻巧的捕猎动物,身披鳞甲、嘴巴像猪一样的植食性动物和像鳄鱼一样的食鱼动物,它们与最早的恐龙生活在一起。许多爬行动物比最早的恐龙大而且更常见,但这些爬行动物与恐龙都比最早的哺乳动物大得多;这一时期出现的哺乳动物长得都不比老鼠大。

　　三叠纪的植食性动物具有这样的特点,它们的咀嚼方式与此前及之后的动物均不相同。当时,在单一的超级大陆上,大型二齿兽类遍布世界各地,在温暖、潮湿的气候条件下大声咀嚼着食物。它们的名字意为"两个犬牙"。它们的上颌末端有喙,两个獠牙从喙下伸出,就像狗的尖利的犬齿。在强大颌肌驱动下,獠牙与下颌上相对的凹口(切迹)将粗硬的植物切断。一些二齿兽可能利用它们强壮的吻部在地下筑窝。比如小头兽有一楔形的吻部,非常适于挖掘。在南非发现了三叠纪的螺旋形地洞,在那

◆水龙兽生活复原图

◆真双型齿翼龙

◆引鳄在捕猎

137

消失的生物

◆翼龙

里面，科学家发现了二齿兽的骨骼和蛋。

在恐龙之前和与恐龙同时，生活着许多其他类型的肉食性动物，它们没能活过三叠纪。最大的动物体重可达三叠纪恐龙的两倍。这些巨型的早期爬行动物就是最后的槽齿类，它们四足行走，是鳄鱼和恐龙的祖先。三叠纪时，槽齿类长得轻巧了一些，行走能力加强，像恐龙一样，四肢位于身体之下。

 小知识

引鳄这种长4.5米的槽齿类爬行动物远比它的犬齿兽类猎物三尖叉齿兽大，但远不如后者快捷。

广角镜

怎样区分植龙和鳄鱼？

一个简单的办法就是看它们的鼻子。植龙的鼻孔几乎与眼睛平齐，而鳄鱼的鼻孔靠近吻部前端。然而，不用担心会同时发现这两种动物，植龙已经灭绝2亿年了。

但是所有早期爬行动物近亲中最成功的是犬齿兽类。大多数犬齿兽是肉食性动物，极少数可超过90厘米长。它们与哺乳动物有许多相同点。犬齿兽和哺乳动物都能在咀嚼食物时呼吸。它们都有几种不同类型的牙齿。和哺乳动物一样，犬齿兽有胡须，也许还有体毛。犬齿兽四肢位于身体之三叠纪——生物界的巨大变化

下，能快速奔跑。或许，犬齿兽已经是温血动物。

三叠纪晚些时候，一些新的小型肉食性爬行动物出现了。它们尾长身体短，能以两条后腿奔跑。这些动物中，一类以蜥蜴为食，体长仅30厘米，可能是恐龙的祖先；还有一类以昆虫为食，体型小，生活在树上，可能是会飞的爬行动物的祖先。

三叠纪的海洋

◆三叠纪蛇颈龙类

2.35亿年前，爬行动物于三叠纪中期进入水中。它们的身体长到像鲸鱼那样巨大，并在随后的1.7亿年里统治海洋直至恐龙时代结束。最早的大型海洋爬行动物是幻龙类。它们的牙齿长而尖，适于捕捉鱼类，脚趾具蹼有助于划水。盾齿龙类生活于同一时期。这些海生爬行动物体长1.8米。盾齿龙的牙齿长在颌骨边缘和口腔顶部，它们用大而平的牙齿压碎并摄食海底贝类。

◆鱼龙

◆原始的鱼龙类——混鱼龙

消失的生物

◆三叠纪海底的奥古斯塔龙

到了2亿年前，蛇颈龙类出现了。这些海生爬行动物尾巴短，前肢呈宽阔的桨状，大多数脖子很长。短颈的上龙类是所有蛇颈龙中最大的，体长12米，超过大型运货车。

鱼龙也在这一时期出现，它长得更大，体长15米。它们在9000万年前谜一样地消失了。同样大小的沧龙是凶猛的海生爬行动物，以鱼为食，它们则存活到6500万年前恐龙时代结束。

那时候还存活着奇怪的、具甲胄的两栖类——斜横蜥类，它们三叠纪时生活于欧洲。它们用羽状的鳃呼吸，在池塘、湖河底部等待猎物。古怪的异螈是体长1米的斜横蜥，它的头部和身体宽平，有体甲和很小的四肢。

早期的恐龙

已知最早的恐龙大约出现在2.3亿年前，主要分布在南美洲的南部和南欧地区。在三叠纪，这些地区都处在泛大陆的边缘，是一片有着茂密植被的地区，这与泛大陆贫瘠的内陆地区形成了鲜明的对比。早期恐龙是能用两条腿奔跑的小型兽脚亚目恐龙（食肉类）。来自南美洲的埃雷拉龙，长着灵活的脖子、大眼睛、尖牙齿和一条用来保持平衡的长尾巴。它强壮的后腿可以支撑起前腿来自由地抓取猎物。

食草恐龙或蜥脚类恐龙的出现要晚一些，大约是在三叠纪快要结束的时候。身长10米的里奥哈龙就是一

◆里奥哈龙

◆埃雷拉龙化石

三叠纪——生物界的巨大变化

种最大的早期蜥脚类恐龙，它也来自南美洲。另外一种大型恐龙是来自欧洲的板龙。它有8米长，可能要靠四肢支撑来度过大部分时光，但是，长长的有力的后腿偶尔也可以允许它直立起来，从树顶取食，有时甚至能靠两条腿跑上一小段路程。板龙能用它大大的弯曲趾爪拉下树枝。像大多数恐龙一样，它不能咀嚼食物，只能依靠吞下的石块，在胃里将粗糙的食物磨碎，使其更容易消化。

◆埃雷拉龙复原图

并非所有的食草恐龙都是如此巨大。鼠龙来自南美洲。它名字的意思是"老鼠蜥蜴"，之所以有这个名字，是因为它的早期化石非常小。后来，科学家意识到这可能是一个幼年鼠龙的骨骼。

◆板龙

◆鼠龙

 小知识

有很多三叠纪腔骨龙化石被成堆地发现，这意味着它们过着像狼一样的群居生活。

消失的生物

 知识库——鼠龙

◆鼠龙生活环境

鼠龙是迄今发现的最小的恐龙。鼠龙是一种生活在三叠纪晚期（或侏罗纪早期）的食草性恐龙。1979年，科学家在阿根廷发现一窝鼠龙幼龙化石。这些幼龙化石缺了尾巴，体长只有20厘米，与一只小猫的大小相当，因此取名为鼠龙。然而，科学家后来发现成年鼠龙可以达到5米长，120千克重。科学家仔细比较了其幼龙和成年鼠龙，发现幼龙有较大的脑袋、较大的眼睛和圆圆的鼻子，而成年鼠龙则有较小的脑袋和眼睛，有较狭长的尖鼻子。

 拓展思考

1. 三叠纪动物发生了哪些变革？
2. 三叠纪植物发生了哪些变革？
3. 最早的恐龙是什么样的？

三叠纪——生物界的巨大变化

五成物种消失了
——三叠纪生物大灭绝

一般认为6500万年前恐龙的灭绝是世界上最大的灭绝事件之一。但是，2亿年前，当恐龙兴起并主宰陆地的时候，更多种类的动物消失了。在海洋中，许多种类的菊石、双壳类和牙形石灭绝了。在陆地上，许多早期爬行动物近亲、大型两栖类以及植物被毁灭了，而恐龙却存活下来了。这就是三叠纪大灭绝，现在就让我们来了解这次地球生物的重大更迭吧。

◆三叠纪灭绝的菊石

三叠纪灭绝事件

三叠纪灭绝事件是显生宙五大灭绝事件之一，发生于三叠纪与侏罗纪之间。这次灭绝事件的影响程度遍及陆地与海洋。在海洋生物中，有20%的科消失，许多种类的菊石、双壳类和牙形石灭绝了；许多大型镶嵌踝类主龙、大部分兽孔目以及许多大型两栖动物也灭亡了。

三叠纪灭绝事件使当时至少50%的物种消失。这次灭绝事件造成许多空缺的生态位，使恐龙能成为侏罗纪的优势陆地动物。此次灭绝事件发生

消失的生物

◆三叠纪灭绝的叉蕨化石

◆三叠纪灭绝的矽化木化石

于盘古大陆分裂前，经历时间短于1万年。

统计显示，这个时期的物种多样性衰退，跟物种形成的减少，而非物种灭亡的增加关联度较大。

物种的更替

◆三叠纪灭绝的孔耐蜥化石

在三叠纪，古生代生物群逐渐消亡，代替它们的是后现代生物群的不断壮大。陆地上，脊椎动物得到了进一步的发展，其中槽齿类爬行动物出现，并从它发展出最早的恐龙。在三叠纪晚期，恐龙已经是种类繁多的一个类群了，在生态系统中占据了重要地位，因此三叠纪也被称为"恐龙世代前的黎明"。而在深海，海洋无脊椎动物类群也发生了重大的变化。

三叠纪早期植物面貌多为一些耐旱的类型，随着气候由半干热、干热向温湿转变，植物趋向繁茂，而盛产于古生代的主要植物群几乎全部

三叠纪——生物界的巨大变化

灭绝。

早期恐龙不仅仅捕猎其他动物，有时它们也吃同类。

灭绝后的新生力量

三叠纪大灭绝中虽然有很多的爬行动物永远离开了地球的生物界，但是恐龙活了下来，在那以后恐龙才成为陆地上最常见、最大的动物。

我们已知的最早的恐龙是肉食性动物，它们中的一些并不比卷毛狗大。但它们不同于以前的所有动物，包括它们的爬行类祖

◆肉食性恐龙——始盗龙

先。恐龙的主要特征之一是，它们的踝关节和髋部使四肢在行走时直接位于身体之下。因此，与同时代的其他陆生动物相比，即使最早的恐龙也属快速奔跑的动物。到了2000万年之后的三叠纪末，植食性恐龙也出现了，它们中的一些体长接近9米，非常巨大。

 拓展思考

1. 三叠纪灭绝的海洋生物有哪些？
2. 三叠纪灭绝的植物有哪些？
3. 什么生物在三叠纪大灭绝后兴盛起来？

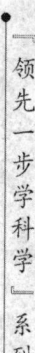

 消失的生物

物种因何消失
——庐山还在云雾中

三叠纪末的灭绝使大量的原始爬行动物尤其是原始鳄类从地球上销声匿迹，此后恐龙时代来临，恐龙开始君临天下，开始称霸地球1.6亿年。可以说，此次灭绝给了恐龙加速崛起的机会。

世界上许多古生物学家与地质学家一直在试图寻找那些已经从地球上消失的物种的灭绝原因，但关于三叠纪大灭绝的研究最少，其真正原因还不是很明确。

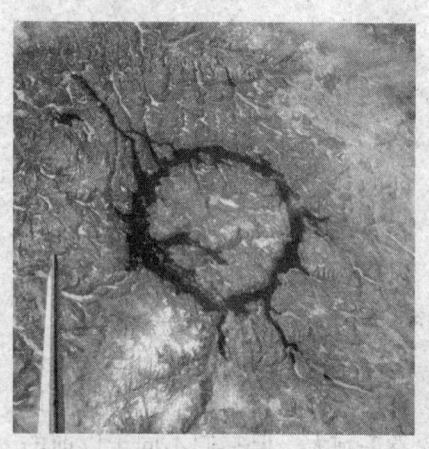
◆加拿大曼尼古根陨石坑

灭绝事件的原因

◆洪流玄武岩

目前已有数个关于三叠纪灭绝事件原因的理论：在三叠纪晚期，曾发生缓慢的气候改变或是海平面变动，但这无法解释海生生物的迅速灭亡；撞击事件，但目前还没发现年代位于三叠纪与侏罗纪交界的陨石坑，年代最近的曼尼古根陨石坑（大约2.12亿年前），形成时间早了1200万年；大规模火山爆发，最有可能的是中大西洋岩浆省爆发形成的洪流玄武岩；火山爆发释放的气体，造成

三叠纪——生物界的巨大变化

全球暖化（二氧化碳）或气候寒冷（二氧化硫）。

根据三叠纪晚期与侏罗纪早期的土壤、化石中的同位素，显示当时大气层中的二氧化碳没有明显变化。但近年有科学家提出新的证据，当时大气层中的二氧化

◆三叠纪复原图

碳曾有过增加，这可能因为火山爆发释放大量二氧化碳，以及天然气水合物的气化。

新的发现

最近，地球观察国际研究院的古生物学家，在作为联合国教科文组织的世界遗产的所在地阿根廷圣胡安和拉略哈省伊斯奇瓜兰斯托和塔兰巴亚自然公园距今约2.05亿年前的晚三叠世洛斯科洛拉多斯层，发现了大量恐龙化石，又引起了古生物学界对三叠纪末大灭绝之谜的关注。

化石的研究者亚格勃博士团队在最新一期的《地球观察国际研究院杂志》中发表了研究报告。论文指出，洛斯科洛拉多斯层属于诺利克阶，是晚三叠世的中期，这个时期的化石对研究恐龙为何崛起与原始鳄类为何灭绝提供了极好的证据。

亚格勃博士称：目前古生物学家与志愿者团队已经在洛斯科洛拉多斯

◆生活于早三叠纪的古鳄

147

 消失的生物

层发现了4种原蜥脚类恐龙、古鳄以及古哺乳类的化石，说明此地在晚三叠世有着丰富的多样性。古生物学家根据这些层层叠叠有条纹的岩石，推断出2~3亿年前古生物的形成、灭绝、复苏，古生物如何从茂盛到消亡的巨大变迁，从而推出二叠纪和三叠纪的地质及年代交界线。

 拓展思考

1. 三叠纪大灭绝可能的原因有哪些？
2. 查阅相关资料，说说三叠纪气候发生了怎样的变化？

白垩纪

——新老交替的纪元

  白垩纪是恐龙生活的最后一个纪,也是地球景观发生巨大变化的时期。在海面达到创纪录的高度后,各个大陆的形状与今天的非常相似。开花植物出现,许多昆虫——从蜜蜂到蚂蚁——也出现了。巨型蜥蜴与巨大的海龟一起在海洋里游泳。在空中,翼龙展开双翼达12米。陆地上,恐龙占统治地位,其大小和形状超出了以前的所有类型。

  大约6500万年前,恐龙突然从陆地上消失了,海洋和空中的许多其他类型的动物也消失了。为什么如此巨大的爬行动物就这么消失了?让我们带着这个问题一起走进神秘的白垩纪吧。

白垩纪——新老交替的纪元

海陆空欣欣向荣
——白垩纪简介

当地球历史进入白垩纪的时候，地球的面貌进一步改观。这一时期，大陆之间被海洋分开，地球变得温暖、干旱，出现了开花植物。与此同时，许多新的恐龙种类也开始出现，包括像食肉牛龙这样的大型肉食性恐龙，像戟龙这样的甲龙类成员，以及像赖氏龙这样的植食性鸭嘴龙类。

◆恐龙主宰的世界——白垩纪

恐龙仍然统治着陆地。最早的蛇类、蛾和蜜蜂以及许多新的小型哺乳动物，也在这一时期出现了。天空、陆地和海洋一片繁忙。

白垩纪的基本情况

"白垩纪"一词由法国地质学家达洛瓦于1822年创用。

白垩纪因其地层富含白垩而得名。白垩是石灰岩的一种类型，主要由方解石组成，颗粒均匀细小，用手可以搓碎。白垩纪形成的地层叫白垩系。白垩层是一种极细而纯的粉状灰岩，是生物成因的海洋沉积，主要由一种叫作颗石藻的钙质超微化石和浮游有孔虫化石构成，在英、法海峡两岸形成美丽的白色悬崖。白垩层不仅发育于欧洲，北美和澳大利亚西部也有分布。

> 白垩纪缩写记为K，源于德文的白垩纪名（Kreidezeit）的缩写。

白垩纪位于侏罗纪和古近纪之间，约1亿4550万年（误差值为

消失的生物

◆植物繁盛的白垩纪　　　　　　　　◆白垩纪陆地

400万年）前至6550万年前（误差值为30万年）。它是中生代的最后一个纪，长达8000万年，而且是显生宙的最长一个阶段。发生在白垩纪末的灭绝事件，是中生代与新生代的分界。

白垩纪时期的大气层氧气含量是现今的150%，二氧化碳含量是工业时代前的6倍，气温则高于如今的约4℃。

知识窗

"中垩纪事件"组织

1974~1982年，国际上有一个"中白垩事件"组织，活动非常积极，主要是研究白垩纪期的生物地层学、海侵海退、缺氧事件、地磁场倒转、盐类和白垩的形成、南大西洋和莫桑比克峡谷的开裂，以及印度板块从冈瓦纳古陆的分离等课题。

白垩纪的地质年代

如同其他古远的地质时代，白垩纪的岩石标志非常明显和清晰，其开

白垩纪——新老交替的纪元

始的准确时间却无法非常精确地被确定，其误差在几百万年之间。在侏罗纪与白垩纪之间没有灭绝事件或生物演化的特点，可以明确分开这两个年代。白垩纪结束的时间定得比较准，是在6550万年前左右（近年有科学家估计为6590万年前），那时全地球的岩石层都含大量的铱。一般认为，那时有一颗巨大的陨石撞击地球，在今墨西哥犹加敦半岛附近有一个大坑。这个陨石造成了大量生物灭绝，但是这个理论现在有争议。

◆白垩纪海洋

白垩系的划分以欧洲海相地层为依据，最初以菊石为标准分6~7个阶（期），后来将某些亚阶升级，增加到现在的12个阶（期），但仍有人习惯于把下白垩统下部的4个阶合称为尼欧可木阶。上白垩统中部的康尼亚克、桑顿和坎潘3个阶合称为森诺阶。在这12个阶中可划分出53个菊石带，近年来又以浮游有孔虫和钙质超微化石作为白垩系分阶、分带以及洲际对比的重要依据。

◆科学家制作3D图像逼真再现恐龙世界

◆英国多佛的白色峭壁

白垩纪的海平面变化大、气候温暖，显示有大面积的陆地由温暖的浅海覆盖。白垩纪是以欧洲常见的白垩层为名，但在全球其他地区，白垩纪的地层主要由海相的石灰岩层构成，这些海相石灰岩层是在温暖的浅海环境形成。高的海平面会造成大范围的沉降作用，因此形成厚的沉积层。由于白垩纪的地层厚、时代较近，全球各地常发现白垩纪地层的露头。

在欧洲西北部，常发现上白垩纪的白垩沉积层，包括：英格兰南岸的

消失的生物

◆页岩层

多佛白色峭壁、法国诺曼底海岸，以及低地国家、德国北部、丹麦沿岸。白垩的质地并不坚固，因此这些沉积层的质地松散。这些地层还包含石灰岩、砂质岩。这些地层可发现海胆、箭石、菊石以及海生爬行动物（例如沧龙）的化石。

欧洲南部的白垩纪地层多为海相地层，主要由石灰岩与少数的泥灰构成。在白垩纪时期，阿尔卑斯山造山运动还没发生，所以欧洲南部的白垩纪地层当时多为特提斯洋周围的大陆棚。

在白垩纪中期，海洋低层的流动滞缓，造成海洋的缺氧环境。全球各地的许多黑色页岩层，即是在这段时期的缺氧环境下形成。这些页岩层是重要的石油、天然气来源，北海便是如此。

什么是页岩？

由黏土物质硬化形成的微小颗粒易碎裂，很容易分裂成为明显的岩层。成分复杂，除黏土矿物（如高岭石、蒙脱石、水云母、拜来石等）外，还含有许多碎屑矿物（如石英、长石、云母等）和自生矿物（如铁、铝、锰的氧化物与氢氧化物等）。具页状或薄片状层理。用硬物击打易裂成碎片。是由黏土物质经压实作用、脱水作用、重结晶作用后形成。

白垩纪的地理特征

在白垩纪，盘古大陆完全分裂成现在的各大陆，但是它们和现在的位置全不相同。大西洋还在变宽。北美洲自侏罗纪开始，形成多排平行的造山幕，例如内华达造山运动，以及之后的塞维尔造山运动、拉拉米造山运动。

白垩纪——新老交替的纪元

在白垩纪初期，冈瓦那大陆仍未分裂，而后南美洲、南极洲、澳大利亚相继脱离非洲，印度和马达加斯加还连在非洲上。南大西洋与印度洋开始出现。这些板块运动，造成大量的海底山脉，进而造成全球性的海平面上升。非洲北边的特提斯洋在变窄。西部内陆海道将北美洲分为东西两部，这个海道在白垩纪后期缩小，留下厚的海相沉积层，夹杂着煤矿床。在白垩纪的海平面最高时期，地表上有 1/3 的陆地沉浸于海洋之下。

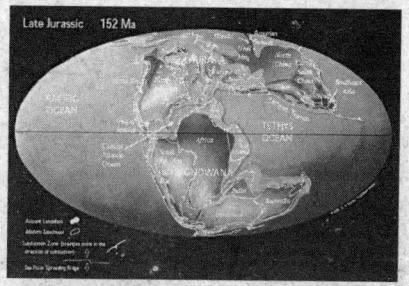
◆白垩纪早期地球

白垩纪因为黏土层而著名，这个时期形成的黏土层多于显生宙的其他时期。海底火山附近的海水流动，使白垩纪的海洋富含钙，接近饱和，也使得钙质微型浮游生物的数量增加。分布广泛的碳酸盐与其他沉积层，使得白垩纪的岩石纪录特别多。北美洲的著名地层组包括堪萨斯州的海相烟山河黏土层、晚期的陆相海尔河组，其他的著名白垩纪地层包括欧洲的威尔德、亚洲的义县组。白垩纪末期到古新世早期，印度发生大规模火山爆发，形成现在的德干地盾。

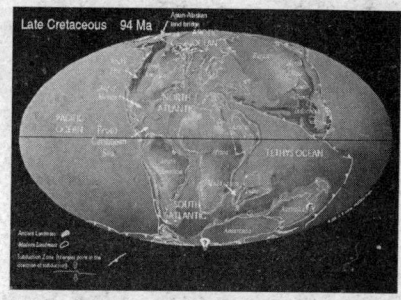
◆白垩纪中期地球

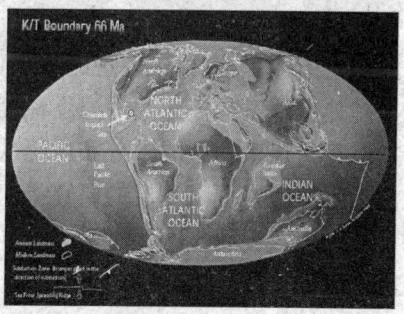
◆白垩纪晚期地球

小知识

陆相白垩系在东亚腹地非常的宽广，富含石油、煤、盐类等矿产以及各种淡水和陆生动植物化石。

消失的生物

白垩纪的气候变迁

◆新疆挖掘出的恐龙化石

巴列姆阶时期的气候出现寒冷的趋势，这个变化自侏罗纪最后一期就已开始。高纬度地区的降雪增加，而热带地区比三叠纪、侏罗纪更为潮湿。但是，冰河仅出现在高纬度地区的高山，而较低纬度仍可见季节性的降雪。

在巴列姆阶末期，气温开始上升，持续到白垩纪末期。气温上升的原因是密集的火山爆发，制造大量的二氧化碳进入大气层中。中洋脊沿线形成许多热柱，造成海平面的上升，大陆地壳的许多地区由浅海覆盖着。位在赤道地区的特提斯洋，有助于全球暖化。在阿拉斯加州与格陵兰发现的植物化石，以及自白垩纪南纬15度地区发现的恐龙化石，证明白垩纪的气温相当温暖。

热带地区与极区间的温度梯度平缓，原因可能是海洋的流动停滞，并造成行星风系的虚弱。分布广泛的油页岩层以及缺氧事件，可证实海洋的流动停滞。根据沉积层的研究指出，热带的海水表面温度约为42℃，高于现今约17℃；全球的海水平均表面温度为37℃。而海洋底层温度高于目前的温度约15℃～20℃。

 点击

巴列姆阶位于欧特里沃阶之上，阿普特阶以下，是欧洲下白垩统的一个阶。巴列姆阶一名源自法国的巴列姆（Barreme）。现为国际通用的一个阶。

白垩纪——新老交替的纪元

生物界急剧变化
——白垩纪生物演化

以恐龙为代表的爬行动物是中生代地球上占绝对优势的脊椎动物，故称中生代为"爬行动物时代"或"龙的时代"。

中生代白垩纪是地球上海陆分布和生物界急剧变化、大西洋迅速开裂和火山活动频繁的时代，后期地势低平，发生了广泛的海侵。晚白垩世被子植物代替裸子植物在陆上占优势，是植物界的一大变革。动物界在白垩纪末才发生重大变化，恐龙、菊石和其他许多生物类群大量灭绝，预示着新生代即将开始。接下来就让我们具体了解一下白垩纪生物的演化里程吧。

◆白垩纪的恐龙

白垩纪的恐龙

◆白垩纪末期火山频繁运动

白垩纪早期陆地上的裸子植物和蕨类植物仍占统治地位，松柏、苏铁、银杏、真蕨及有节类组成主要植物群。被子植物开始出现于白垩纪早期，中期大量增加，到晚期在陆生植物中居统治地位，山毛榉、榕树、木兰、枫、栎、杨、樟、胡桃、悬铃木等都已出现，接近新生代植物群的面

消失的生物

貌。从侏罗纪开始出现的超微化石，其特点随产生层位不同而变化，具有重要的地层学意义，其中除颗石外，还有已经灭绝的微锥石、楔形石等。

脊椎动物中爬行类从极盛走向衰落，主要代表有暴龙（霸王龙）、古魔翼龙、青岛龙等。侏罗纪以前的硬鳞鱼被真骨鱼所代替。海洋无脊椎动物中浮游有孔虫异军突起，成为划分对比白垩纪中、晚期海相地层的重要依据，底栖大型有孔虫中也出现了许多标准化石。菊石和箭石演化迅速而明显，分布广泛，是传统的划分阶和带的标准化石。群生底栖的固着蛤类可形成礁体，为典型的暖水动物群，在我国西藏和南疆上白垩统地层中均有发现。海胆在特提斯海中颇为繁盛，有少数标准种属。

珊瑚和腕足动物在白垩纪居于次要地位。淡水无脊椎动物也很丰富，如甲壳类的介形虫和叶肢介演化迅速，软体动物中的螺和蚌分布广泛，还有昆虫与淡水轮藻化石，它们中的许多种属都可以成为划分对比陆相地层的标准化石，在地质填图、石油和煤等矿产资源勘探中起重要作用。

◆白垩纪时期的鸟类

白垩纪是中生代最后一个纪，是恐龙由鼎盛走向完全灭绝的时期。由于这一时期欧洲海底沉积物中有大量的白垩而称为"白垩系"，白垩纪因此得名。

小知识

白垩纪是地史上最广泛的海进期之一，白垩纪末发生了世界规模的海退。

白垩纪——新老交替的纪元

广角镜——我国早白垩世的植物地理分布

◆白垩纪时期的裸子植物

中国早白垩世的植物地理分区非常明显,根据对孢子花粉的研究,境内至少存在两个明显差异的孢粉植物群。

①无缝双囊粉类—无突肋纹孢植物群。分布于北方区,主要包括东北和华北北部地区。这里植物繁茂,尤其是松科、罗汉松科和海金砂科等植物,形成丰富的煤藏,也说明这里是温暖潮湿气候带。

②克拉梭粉—莎草蕨孢植物群。分布于南方区,多产出于含膏盐沉积的红色地层,反映出当时较为炎热而干旱的气候环境。在北纬40°~50°之间,存在着一个呈北西西—南东东方向的条状过渡带,南北植物群发生混生现象。从全球分布来看,我国南、北两个植物区与干旱带和湿亚热带的情况相当。

白垩纪的植物

白垩纪早期,以裸子植物为主的植物群落仍然繁茂,而被子植物的出现则是植物进化史中的又一次重要事件。白垩纪有了可靠的早期被子植物,到晚白垩纪晚期被子植物迅速兴盛,代替了裸子植物的优势地位,形成延续至今的被子植物群,诸如木兰、柳、枫、白杨、桦、棕榈等,遍布地表。被子植物的出现和发展,不仅是植物界的一次大变革,同时也给动物以极大的影响。被子植物为某些动物如昆虫、鸟类、哺乳类

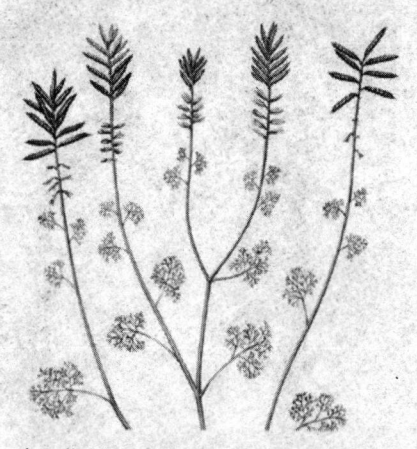

◆早期被子植物——中华古果

消失的生物

提供了大量的食料，使它们得以繁育；从另一方面看，动物传播花粉与散布种子的作用，同样也助长了被子植物的繁茂和发展。

开花植物（被子植物）在白垩纪开始出现、散布，但直到坎潘阶才成为优势植物。蜜蜂的出现，有助于开花植物的演化；开花植物与昆虫是共同演化的实例。榕树、悬铃木、木兰花等大型植物开始出现。一些早期的裸子植物仍继续存在，例如松柏目。南洋杉与其他松柏繁盛并分布广泛，而本内苏铁目在白垩纪末灭亡。

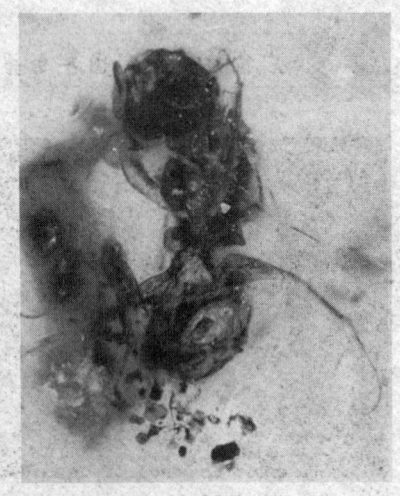
◆白垩纪早期的蜜蜂化石

白垩纪的陆栖动物

在白垩纪的动物界里，哺乳动物还比较小，只是陆地动物的一小部分。陆地的优势动物仍是主龙类爬行动物，尤其是恐龙，它们较之前一个时期更为多样化。翼龙目繁盛于白垩纪中到晚期，但它们逐渐面对鸟类辐射适应的竞争。在白垩纪末期，翼龙目仅存2个科左右。

鸟类是脊椎动物向空中发展取得最大成功的类群。白垩纪早期鸟类开始分化，并且飞行能力及树栖能力比始祖鸟大大提高。我国古生物学家发现的著名的"孔子鸟"就是早白垩世鸟类的代表分子。

白垩纪末，地球上的生物经历了又一次重大的灭绝事件：在地表

◆孔子鸟化石

白垩纪——新老交替的纪元

◆ 白垩纪的鱼龙

居统治地位的爬行动物大量消失，恐龙完全灭绝；一半以上的植物和其他陆生动物也同时消失。究竟是什么原因导致恐龙和大批生物突然灭绝？这个问题始终是地质历史中的一个难解之谜。

目前普遍被大家接受的观点是陨石撞击说。引人注目的是，哺乳动物是这次灭绝事件的最大受益者，它们度过了这场危机，并在随后的新生代占领了由恐龙等爬行动物退出的生态环境，迅速进化发展为地球上新的统治者。中国辽宁省的炒米店子组发现了大量的白垩纪早期小型恐龙、鸟类以及哺乳类。这里发现的多种手盗龙类，被视为恐龙与鸟类间的连结，其中包含数种有羽毛恐龙。

昆虫在这个时期开始多样化，并发现最古老的蚂蚁、白蚁、鳞翅目（蝴蝶与蛾），芽虫、草蜢、瘿蜂也开始出现。

 知识窗

"孔子鸟"的发现

1993年在辽西发现了年代仅次于始祖鸟的更早的化石，这就是后来著名的孔子鸟。它们大约生活在侏罗纪晚期到白垩纪早期这一阶段。1994年后，古生物学家们云集辽西，数以万计的鸟类化石不断地被发掘出来，全世界古生物学界几乎都把目光投向了这里，鸟类研究进入到一个全盛时期。

白垩纪的海生动物

在白垩纪的海洋里，现在的鳐鱼，鲨鱼和其他硬骨鱼也常见了。海生

 消失的生物

爬行动物则包括生存于早至中期的鱼龙类、早至晚期的蛇颈龙类、白垩纪晚期的沧龙类。

杆菊石具有笔直的甲壳,属于菊石亚纲,与造礁生物厚壳蛤同为海洋的繁盛动物。黄昏鸟目是一群无法飞行的原始鸟类,可以在水中游泳。有孔虫门的球截虫科与棘皮动物(例如海胆、海星)继续存活。在白垩纪,海洋中的最早硅藻(应为硅质硅藻,而非钙质硅藻)出现;生存于淡水的硅藻直到中新世才出现。对于造成生物侵蚀的海洋物种,白垩纪是这些物种演化的重要阶段。

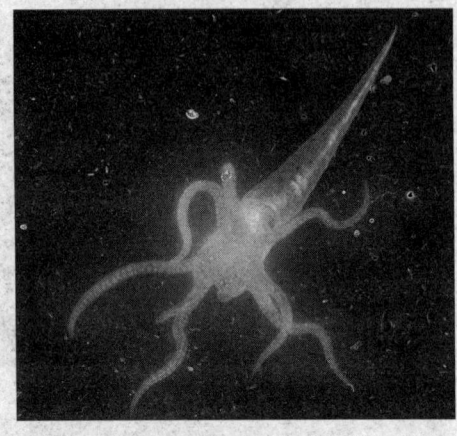
◆杆菊石

 拓展思考

1. 白垩纪植物相比之前有什么进化?
2. 白垩纪新进化的陆生动物有哪些?
3. 白垩纪海洋动物有哪些?

白垩纪——新老交替的纪元

恐龙灭绝
——白垩纪消失的物种

◆曾经悠闲地生活在地球上的恐龙

剧烈的地壳运动和海陆变迁，导致了白垩纪生物界的巨大变化，特别是作为当时地球霸主的恐龙家族几乎灭绝了。还有中生代许多盛行和占优势的门类（如裸子植物、菊石和箭石等）后期也相继衰落和灭绝，而新兴的被子植物、鸟类、哺乳动物及腹足类、双壳类等都有所发展，预示着新的生物演化阶段——新生代的来临。

让我们记住这些曾经辉煌后来却集体消失的物种吧。

消失的恐龙

恐龙是距今1.3亿年前地球上爬行动物的总称。它们的种类很多，身体大小、形状、生活习性各不相同，陆地、海洋、空中都是恐龙类爬行动物的活动场所。白垩纪是恐龙生活的最后一个纪。当时在空中，翼龙展开双翼达12米。陆地上，恐龙占统治地位，其大小和形状超出了以前的所有类型。植食性恐龙长到100吨重，肉食性恐龙的体长达到12米以上。

现在让我们看看这些消失的恐龙

◆存活了1亿多年的植物——桫椤

消失的生物

家族的成员吧。

1. 鼠龙。鼠龙主要生活在三叠纪末期现今阿根廷境内，顾名思义，鼠龙的意思是"老鼠蜥蜴"，这样对它命名是由于考古学家发现了几具处于发育期的幼年鼠龙，它的体型非常小。考古学家挖掘发现的鼠龙骨骼中的最小仅有20厘米长，这是迄今世界上发现的最小恐龙骨骼。然而，其成年体可成长至5米，体重可达到120千克。

◆翼龙

科学家们仔细地对比了鼠龙的幼年体和成年体之间的差别，幼年体长着较大的头部．大眼睛，其嘴部呈圆形。而成年体，其头部和眼睛按身体比例相比则较小，嘴部突出延长。鼠龙主要以植物和小型脊椎动物为主食。

2. 单脊龙。单脊龙生活在侏罗纪中期，于中国境内挖掘出土，1981年，单脊龙在中国新疆盆地被挖掘发现，这种恐龙体长达到5～6

◆单脊龙

◆始祖鸟

◆尾羽龙

白垩纪——新老交替的纪元

◆恐爪龙

◆顾氏小盗龙

◆霸王龙

米，高1.5～2米，体重达到500千克。它们以蜥脚龙和大型脊椎动物为食。

3. 始祖鸟恐龙。始祖鸟生活在侏罗纪晚期，于德国境内挖掘出土。它们是迄今发现的最古老、最原始的鸟类，它们的确生活在恐龙时代，很可能是恐龙向鸟类进化的关键环节。始祖鸟恐龙体长30～46厘米，高15厘米，体重为1～3千克。它们主要吃蜥蜴、小型哺乳动物和昆虫。

4. 顾氏小盗龙。顾氏小盗龙生活在白垩纪中早期，于中国境内挖掘发现，这种顾氏小盗龙可能是目前中国境内发现的最具代表意义的长羽毛恐龙。在巨型恐龙生活的时期，这种小型恐龙体长只有几十厘米长，体重不超过4.5千克。这种长着羽毛的恐龙将有助于科学家理解恐龙是如何进化成鸟类的。顾氏小盗龙主要以小型动物和昆虫为食。

◆阿根廷龙成群迁徙

消失的生物

5. 恐爪龙。恐爪龙生活在白垩纪中早期，于美国境内挖掘发现。1964年，考古学家挖掘发现像鸟一样的恐爪龙是古生物学上一项革命性事件，它属于兽脚亚目食肉恐龙。之前科学家们认为这是一种行动缓慢、呆滞的恐龙物种，它是恐龙物种进化缺陷的表现，由于它的原始而简单的生活方式导致了该物种的灭绝。但是考古学家约翰·奥斯特姆的观点改变了科学家们对恐爪龙的理解，奥斯特姆称这种恐龙并不是行动缓慢、呆滞，相反它们是动作灵敏、对生态系统构成威胁的恐龙。同时，恐爪龙的考古研究意义很重大，由于它非常类似于鸟类，考古学家认为它是恐龙和鸟类之间进化过渡的必要环节。恐爪龙体长3～3.5米，高1米，体重在80～100千克之间。

◆阿根廷龙化石

6. 华阳龙。华阳龙生活于侏罗纪晚期，于中国境内挖掘出土。华阳龙被认为是一种保留了完整骨骼的恐龙，幸运的是它完整地保留了头骨。科学家分析结果显示，华阳龙与剑龙具备类似的骨骼结构，比如延伸的椎骨可以表现出它的勇气，同时可当作防卫之用。华阳龙体长4.5米，1.5米高，重900～1000千克，它们是素食主义者，主要吃低灌木和蕨类植物。

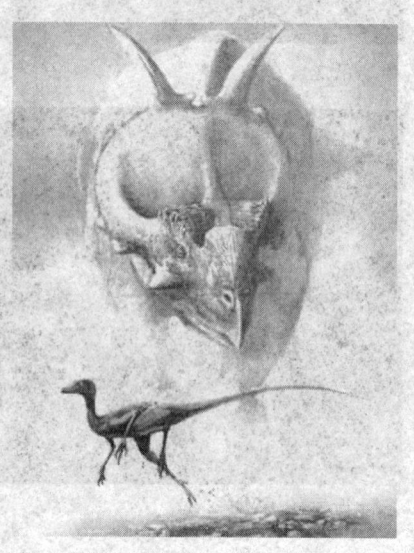
◆长角的阿基罗龙

7. 霸王龙。霸王龙生活在白垩纪末期，于美国境内挖掘发现。它是恐龙世界中无可争议的霸主，在恐龙考古学上，霸王龙是科学家们研究分析最频繁的物种。它的体长达到12～13米，体重为7吨，在恐龙时代末期统治着北美洲平原。霸王龙主要以鸭嘴龙和角龙为食。白垩纪时，出现了新的巨型肉食性恐龙。它们都有强有力的上下颌，前肢短，后腿长。最后的

白垩纪——新老交替的纪元

巨型杀手就是最聪明且最强有力的凶暴霸王龙。但在这之前的 3500 万年，北非和南美生活着更大的恐龙杀手。

8. 阿根廷龙。所有肉食性动物中最大的是巨霸龙。这种产于阿根廷的恐龙体长超过 12 米，重达 10 吨。它比最大的凶暴霸王龙还要重，相当于一辆小型客车的重量。凶暴霸王龙是它生活的世界里最大的动物之一，而巨霸龙则吃比它自身大许多倍的植食性恐龙。在陆地生活过的最大的动物与巨霸龙几乎同时生活在同一地区，它就是重达 100 吨的植食性恐龙——阿根廷龙。

9. 阿基罗龙。阿基罗龙是 7000 万年前生活于美国西部的长角的植食性恐龙。当蜥脚类恐龙继续在地球上许多地区吼叫时，鸟臀类恐龙进化出新的类型。带甲的恐龙长到坦克那么大。角龙也是如此，如北美洲的三角龙和阿基罗龙。

10. 盗龙。盗龙是白垩纪时期出现的一类新的致命的捕猎动物。这些恐龙的大小从卷毛狗到卡车那么大，但都有尖利的牙齿，每只手脚上还有致猎物于死地的弯爪。盗龙意为"盗贼"，是种兽脚亚目恐龙，生存于早白垩纪的澳大利亚。盗龙最早是在 1932 年，由德国古生物学家休尼根据他所发现的单一骨头来命名的。

　　植物桫椤和动物恐龙是侏罗、白垩纪时期共同统治地球的两个标志性生物。

白垩纪灭绝的其他生物

　　海生浮游生物的大规模迅速灭亡，发生于 K－T 界线时。早在 K－T 界线前，菊石亚纲已有小规模缓慢的衰退，可能与白垩纪晚期的海退有关，其余的属在 K－T 界线时灭亡。双壳纲叠瓦蛤科的大部分物种，在 K－T 界线前已经逐渐灭亡；同样在白垩纪末期，菊石的多样性也出现小规

消失的生物

◆K-T界线露头

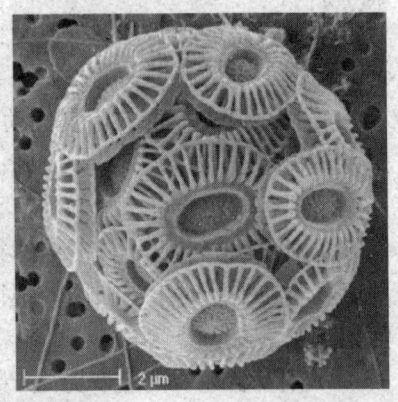

◆颗石藻

模的逐渐的衰退。

颗石藻与软体动物（包含菊石亚纲、厚壳蛤、水生蜗牛、蚌），还有以上述硬壳动物为生的动物，在这次灭绝事件中灭亡，或遭受严重打击。

> 在白垩纪与第三纪的地层之间，有一层富含铱的黏土层名为K-T界线。

拓展思考

1. 白垩纪消失的恐龙有哪些？
2. 恐龙在地球上统治了多少年？
3. 白垩纪除了恐龙灭绝以外，还有哪些生物消失了？

白垩纪——新老交替的纪元

恐龙因何灭绝
——陨石撞击说及其他假说

◆热河生物群全家福

白垩纪灭绝事件是地球历史上的一次大规模物种灭绝事件，发生于中生代白垩纪与新生代第三纪之间，约6550万年前，灭绝了当时地球上的大部分动物与植物。这次灭绝事件因为造成恐龙的灭亡与哺乳动物的兴起而著名。需要指出的是：二叠纪—三叠纪灭绝事件灭绝了当时地球上约90%的生物，是地质年代中最严重的生物集体灭绝事件。

生物界的争论

关于白垩纪灭绝事件的成因，科学家们目前已提出数个理论。这些理论大多关注于撞击事件或者火山爆发，某些理论甚至认为两者都是原因。在2004年，有科学家试图提出一个结合多重原因的灭绝理论，包括火山爆发、海退以及撞击事件。在这个理论中，白垩纪晚期的海退事件，使陆地与海洋生物群落面临栖息地的改变或消失。恐龙是当时最大的脊椎动物，首先受到环境改变的冲击，多样性开始衰退。火山爆发喷出的悬浮粒子，使得全球气候逐渐冷却、干旱。最后，撞击事件导致依赖光合作用的食物

169

消失的生物

链崩溃,并冲击已经衰退的陆地食物链与海洋食物链。多重原因理论与单一原因理论的差别在于,单一原因难以达成大规模的灭绝事件,也难以解释灭绝的模式。

虽然白垩纪灭绝事件造成许多物种灭绝,但不同的演化支或者各个演化支内部,呈现出明显差异的灭绝程度。在白垩纪晚期,食物链底层是由依赖光合作用的生物构成,例如浮游植物与陆地植物,如同现今的状况。证据显示,草食性动物因所依赖的植物衰退而数量减少;同样,顶级掠食者(例如暴龙)也接连受到影响。

◆到底是什么导致恐龙的灭绝呢?

知识窗

什么是热河生物群?

热河生物群是在距今1亿多年的白垩纪早期,在我国北方、蒙古、西伯利亚以及朝鲜和日本等地区生活的一个古老的生物群。我国辽西地区的朝阳是研究热河生物群的经典地区,那里保存了一个世界罕见的中生代化石宝库,包括20多个重要的生物门类,不仅化石数量丰富,而且保存也十分完好。特别是以保存许多生物的软体组织特征而闻名于世,包括恐龙、鸟类、翼龙和哺乳等动物的软组织结构如皮肤印痕、软骨结构、角质喙等。

马斯特里赫特阶海退事件

有明确的证据显示,在白垩纪马斯特里赫特阶发生大规模的海退,达到中生代以来最低的程度。

在世界各地的一些马斯特里赫特阶地层,最早的部分是海床,较早的部分是海岸地层,最晚部分则是陆相地层。这些地层没有因为造山运动而

白垩纪——新老交替的纪元

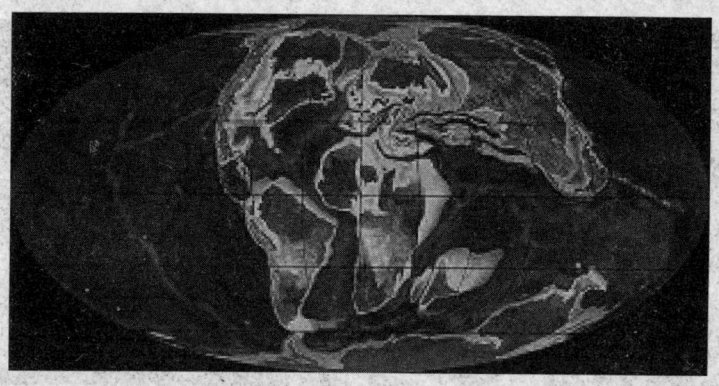

◆白垩纪晚期的全球地图

倾斜、折曲的迹象，因此最有可能的解释是海退。目前没有海退原因的相关证据，较为普遍的解释是中洋脊的活动降低，而这些巨大海底山脉随着自身的重量而缓慢沉降于海底地层中。

 小知识

研究显示，海平面的变化，不足以造成像白垩纪末期这样严重的菊石灭亡。海平面的下降可能造成大气环流系统与洋流系统的变化，形成气候变迁；海洋面积的缩小也会使地表的反照率下降，而使全球气温上升。

小行星撞击说

大规模海退造成大陆架大幅消失，栖息在大陆架（或称陆棚、大陆架）的海洋生物最丰富，因此海退可能会造成海洋生物的灭绝。大规模海退也使许多大陆海消失，例如北美洲的西部内陆海道。这些海域的消失，破坏了许多存在于1000万年之前、生物繁盛的海岸平原，例如恐龙公园组。同时，由于陆地相对上升，河流的长度更长，使淡水的生存区域扩张。海洋与淡水区域的消长变化，使淡水脊椎动物增加，而海洋生物则数量减少，例如鲨鱼。

171

消失的生物

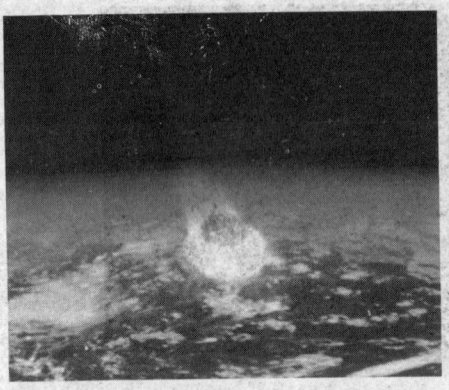

◆小行星撞击的假想图

◆恐龙的灭绝真的是因为小行星撞击吗？

长期以来，最权威的观点是小行星撞击地球造成恐龙灭绝，这个观点并不是主观臆测，而是有大量证据的。

1980年，美国科学家在6500万年前的地层中发现了高浓度的铱，其含量超过正常含量几十甚至数百倍。这样浓度的铱在陨石中可以找到。因此，科学家们就把它与恐龙灭绝联系起来了。根据铱的含量还推算出撞击物体是相当于直径10千米的一颗小行星。这么大的陨石撞击地球，绝对是一次无与伦比的打击，以地震的强度来计算，大约是里氏10.0级（注：2008年5月12日的汶川大地震是8.0级，已经造成如此大的破坏，而10.0级地震释放的能量是8.0级释放能量的1000倍），而撞击产生的陨石坑直径将超过100千米。科学工作者用了10年

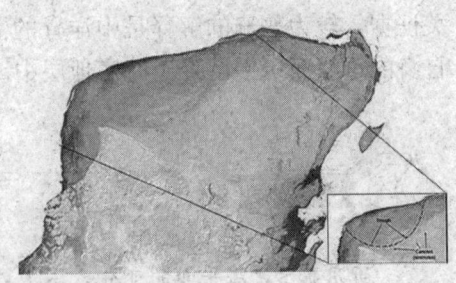

◆墨西哥湾尤卡坦半岛及撞击地点

◆美国的亚利桑那州温斯洛的大陨石坑

白垩纪——新老交替的纪元

◆陨星撞击地球产生的灰尘挡住了太阳光,使植物不能进行光合作用。

◆恐龙在绝望中死去

◆冰的融化和形成影响着海平面的升降,这可能会引起生物的灭绝。

的时间,终于有了初步结果,他们在墨西哥湾尤卡坦半岛的地层中找到了这个大坑。据推算,这个坑的直径在180千米到300千米之间,年龄约为6505.18万年。

现在我们来描绘6500万年前那壮烈的一幕:有一天,恐龙们还在地球乐园中无忧无虑地尽情吃喝,突然天空中出现了一道刺眼的白光,一颗直径10千米相当于一座中等城市般大的巨石从天而降。那是一颗小行星,它以每秒40千米的速度一头撞进大海,那是一场多么可怕的灾难啊!陨石撞击地球产生了铺天盖地的灰尘,极地冰雪融化,植物毁灭了,火山灰也充满天空。一时间暗无天日,气温骤降,大雨滂沱,山洪暴发,泥石流将恐龙卷走并埋葬起来。

小行星坠落在地球表面,引起一场大爆炸,把大量的尘埃抛向大气层,形成遮天蔽日的尘雾,这种情况持续了几

 消失的生物

十年。缺少了阳光，植物赖以生存的光合作用被破坏了，大批的植物相继枯萎而死，身躯庞大的食草恐龙每天要消耗成百上千千克植物，它们根本无法适应这种突发事件引起的生活环境的变异，只有在饥饿的折磨下绝望地倒下；以食草恐龙为食源的食肉恐龙也相继死去。生物史上的一个时代就这样结束了。

海平面升降说

有科学家认为不断变化的海平面是恐龙和进化史上其他物种灭绝事件的罪魁祸首。按照科学家推算，数亿年前，地球与现在存在很大的差异。那时，欧洲是水深100米的浅海，海洋纵贯美洲中部，里面到处是巨型鲨鱼和大型海洋食肉动物沧龙，随着海水逐渐干枯，鲨鱼和沧龙就此灭绝。显然，海平面的升降不仅对海洋生物产生了巨大冲击，同时还影响到陆地动物群和植物群。

◆有研究说是因为火山喷发的有毒气体导致恐龙灭绝的。

那么，导致海平面升降的原因何在？一种解释是地球构造板块的移动，另一种解释则是气候变化。过去5亿年来，冰盾一直在经历形成、发展、融化和消退的过程。这些气候变化方面的诸多动荡是由地球绕太阳轨道运行的变化所导致的。

◆有学者认为火山灰中的有毒物质导致恐龙灭绝。

火山喷发说

最近有国外科学家在一项研究中发现，恐龙灭绝很可能是因为6500万年前的一次火山大爆发。火山爆发喷射出来的大量有毒气体，摧毁了恐龙在地球上赖以生存的生态环境。

白垩纪——新老交替的纪元

6500万年前，形成印度"德干岩群"的一系列火山喷发向大气中喷入了大量的硫磺，这给地球气候造成了毁灭性影响。在分析5.45亿年前地球大量物种被扼杀灭绝的历史事件中，火山喷发是两个主要解释之一。还有研究人员表示，远古时代有一段时间地球上的火山非常活跃，火山活动本身也许并不能造成恐龙的灭绝。但在火山爆发的时候释放出大量的铱元素，这种元素会导致恐龙蛋不能孵化出小恐龙，所以最终导致恐龙的灭绝。科学家发现在恐龙大量灭绝的地层里，这种铱元素特别丰富。

一些科学家对火山爆发所释放的有毒气体量进行过测量，他们对火山爆发的致死能力表示了怀疑。

◆恐龙蛋感染了真菌，不能正常孵化，造成恐龙灭绝

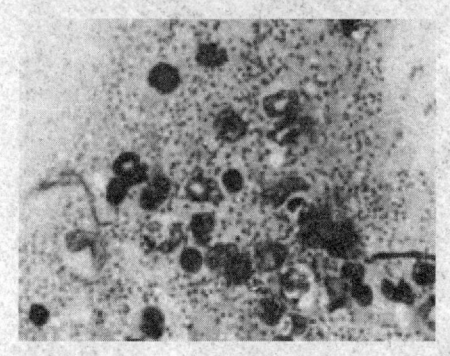

◆利什曼原虫

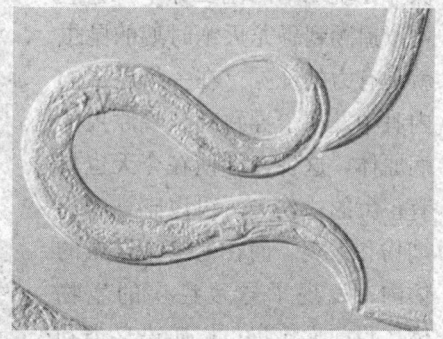

◆白垩纪时代的恐龙粪便中已有线虫踪迹，它们可能影响了恐龙的健康。

致命病菌说

美国科学家们近日提出了一种新的解释，称恐龙灭绝很可能是由携带

消失的生物

◆有学者认为很少有恐龙对病菌有免疫能力，导致疾病大流行，从而引起恐龙灭绝。

◆有学者认为6500万年前地球气候突然变冷，恐龙受不了寒冷而冻死。

致命病菌的昆虫造成。

科学家们称，一些昆虫的出现和进化，尤其是所携带的新型病菌正是导致恐龙灭绝的最主要元凶。科学家们最近发现了一些保存在琥珀中的昆虫标本，这些可以追溯到恐龙灭绝时期的昆虫就是有力的证据。在一个昆虫的内脏中发现了导致利什曼原虫的病原体，这种病即使在今天也具有很大的杀伤力，可以感染爬行动物和人类。而在另一个昆虫的体内，发现了导致疟疾的生物体，目前疟疾仍可以感染鸟类和蜥蜴。在恐龙粪便中，发现了线虫、吸虫和原生动物，这些微生物可以引发痢疾和其他腹部不

◆恐龙灭绝是因为出现了偷蛋贼？

适。在白垩纪晚期，整个世界气候温暖湿润，这些肠内寄生虫、利什曼原虫、疟疾、虫媒病毒和其他病菌就是在吸血昆虫的作用下开始传播的，流行

白垩纪——新老交替的纪元

疫疾的反复来袭缓慢却不可逆转地导致了恐龙数量的减少。对于这些新型而强大的病菌，脊椎动物鲜有或者没有任何先天或后天免疫性，最终，大面积的疾病发作导致了恐龙的死亡和区域性灭绝。

恐龙是在成千上万年甚至上百万年的时间中，数量不断减少，而后最终从地球上消失。这次发现的携带新型病菌的昆虫以及长期以来开花植物的蔓延，都与所知恐龙灭绝中的所有细节完全吻合。

其他假说

除了以上几种比较流行的观点以外，关于恐龙灭绝的主要观点还有以下几种：

1. 气候变迁说。6500万年前，地球气候陡然变化，气温大幅下降，造成大气含氧量下降，令恐龙无法生存。也有人认为，恐龙是冷血动物，身上没有毛或保暖器官，无法适应地球气温的下降，都被冻死了。

◆超新星引发恐龙灭绝？

2. 物种斗争说。恐龙年代末期，最初的小型哺乳类动物出现了，这些动物属啮齿类食肉动物，可能以恐龙蛋为食。由于这种小型动物缺乏天敌，越来越多，最终吃光了恐龙蛋。

3. 大陆漂移说。地质学研究证明，在恐龙生存的年代地球的大陆只有唯一一块，即"泛古陆"。由于地壳变化，这块大陆在侏罗纪发生的较大的分裂和漂移现象，最终导致环境和气候的变化，恐龙因此而灭绝。

4. 地磁变化说。现代生物学证明，某些生物的死亡与磁场有关。对磁场比较敏感的生物，在地球磁场发生变化的时候，都可能导致灭绝。由此推论，恐龙的灭绝可能与地球磁场的变化有关。

5. 被子植物中毒说。恐龙年代末期，地球上的裸子植物逐渐消亡，取而代之的是大量的被子植物，这些植物中含有裸子植物中所没有的毒素，形体巨大的恐龙食量奇大，摄入被子植物导致体内毒素积累过多，终于被

消失的生物

毒死了。

6. 酸雨说。白垩纪末期可能下过强烈的酸雨，使土壤中包括锶在内的微量元素被溶解，恐龙通过饮水和食物直接或间接地摄入锶，出现急性或慢性中毒，最后一批批死掉了。

7. 造山运动说。还有的说是地球在那个时候发生了地质上的造山运动，因为平地上长出许多高山来，沼泽便减少了，气候也变得不那么湿润温暖了。恐龙的呼吸器官不能适应干冷干热的空气，而且一到冬天，恐龙的食物也没有了，所以就走上了绝路。

8. 超新星爆发说。超新星爆发引起地球气候发生强烈变化，温度骤然升高后又降得很低，也是恐龙灭绝的原因。

各种观点真可谓是五花八门，无奇不有。但是，普遍被大家认可的是陨石撞击说。

 知识窗

陨石撞击与酸雨

撞击事件可能会造成酸雨，这依据撞击发生地点的地层成分而定。但科学家指出，酸雨造成的影响相对而言较小，而且最多持续约12年。大自然环境会将酸雨稀释、中和，而且灭绝事件的部分幸存者对酸雨相当敏感，例如青蛙，表明酸雨并非灭绝事件的重要因素之一。

 拓展思考

1. 小行星撞击说有什么证据？
2. 什么原因引起海平面降低？
3. 分析一下各种灭绝假说之间有什么联系？

第六次大灭绝会临吗

——保护地球生态

　　想象一下这样的生活：每天，我们端上盘子的永远只有一种谷物，吃的水果都有着怪味；再也无法从动植物资源中获取药物，新的合成药物也再无法进行动物实验；找不到可以度假的森林或海滩；越来越多的人得了呼吸道传染病；再想象一下，从天而降的洪水肆意地扑向沿海城市，而在城市与城市之间，漫漫一片的是黄色的荒漠……这是对地球丧失生物多样性后，人类生活状态的预测。受到气候变化的影响，科学家们纷纷提出警告，生物多样性面临的威胁正超过以往任何时候。

　　我们已经亲手启动了第 6 次大灭绝，犹如开启定时炸弹的开关一般。最终，人类该如何收场？

第六次大灭绝会来临吗——保护地球生态

谜团谁能解
——生物大灭绝有规律吗

地球在遥远的过去发生过多次物种大灭绝，这些灭绝一次次将地球生物推向绝境。科学家发现，物种灭绝并不是源于什么突发事件，而是有规律可循的。

恐龙，这一为人们所熟知且在地球历史上曾极度繁盛的生物，却在6500万年前生物大规模集群灭绝事件中从地球上消失了。为什么地质历史时期许多繁盛的生物不再与人类生活在一起？大灭绝的起因是什么？我们人类正经历生物大灭绝时期吗？生物大灭绝使地球上所有生物都灭绝了吗？大灭绝后哪些物种能劫后余生并占领新的空间，继而发展壮大？接下来就让我们慢慢解开这些谜团。

◆消失的物种日益增多

◆鲸的成批死亡

物种灭绝

泛指植物或动物的种类不可再生性的消失或破坏，称为物种灭绝。

消失的生物

一株植物枯萎，一只动物死亡，有时并不仅仅意味着单个生命有机体的消失，也许凑巧是整个此类物种的灭绝。物种不复存在的想法由于与神学相悖，致使许多人难以接受。但早

> 地球正处于另一次物种大消亡中，小行星绝不是此次灭绝的原因。

在18世纪末以前，博物学家们开始一致同意，在地球历史上，物种灭绝曾经多次出现。灭绝的走兽，特别是那些一度在地球上四处游荡的恐龙和其他庞大的野兽，它们遗留的化石使人们目瞪口呆。达尔文在南美洲发掘出几个"灭绝怪物"的化石。他在《物种起源》中写道："我想恐怕再也没有人比我对物种灭绝更加惊奇了。"

◆谁来拯救我们生存的地球

◆靠耶稣来拯救地球？

部分科学家认为，物种灭绝一直是生命进程中的一部分。以往存活物种的百分之九十九现在都已经灭绝。

物种灭绝的规律

英国《自然》杂志发表文章称，科学家们日前发现了地球物种大灭绝

第六次大灭绝会来临吗——保护地球生态

的规律，从而得出一个可怕的结论：地球生物随时可能会再经历一次物种大灭绝！

科学家研究了数千种水生生物化石，分析了这些生物在过去5亿年里多次灭绝的具体情况，结果出乎意料地发现了一条生物灭绝规律。该规律是一种周期循环，其平均周期为6200万年。规律显示，地球每经历5900万年到6500万年，就会爆发一次灭绝生命运动。而上次灭绝就发生在6500万年前。而现在的地球正处物种大灭绝周期！

地球在遥远的过去发生过多次物种大灭绝，这些灭绝一次次将地球生物推向绝境。比如2.5亿年前二叠纪那次惨剧：当时气候骤变，7成地球生物瞬间消失殆尽，原本生机勃勃的地球一下子陷入了死一般的宁静；而6500百万年前的那次灭绝更是给地球历史留着深深的伤痛与无奈：小到水中微生物，大到庞然大物恐龙均未能逃过此劫……

如今，6500万年过去了，回圈轮回又轮了一圈。新一轮生物灭绝正在某个角落伺机而动，随时可能将人类及其他生物吞噬而尽。

◆别再让地球母亲流泪了

◆天体碰撞可能导致物种大灭绝

物种灭绝的起因

尽管对于灭绝轮回圈的起因还未得出具体结论，但科学家根据种种迹象猜测出了三种可能原因是：太阳"同伴"星、气云、火山。

183

消失的生物

科学家怀疑太阳系内隐藏着一颗太阳的"同伴"星。它每隔6200万年就会靠近太阳,充分发挥"友爱精神"。如有外太空彗星要撞向太阳,"同伴"星就会撞击彗星,使彗星的轨道发生偏转,而彗星随后会撞向地球。但是全球科学家至今还没有观测到这颗星体。

科学家还提出了一种推测,称引发地球周期性物种灭绝的原因在于太阳系星际气云。他们认为这些气云会适时引发地球气候骤变,导致地球生物不能适应环境纷纷灭亡。

科学家认为,火山也是一种可能。地球内部物理也存在一种回圈,这种回圈决定地球内部物理结构每过6200万年就"骚动"一次。"骚动"导致地表及地下火山喷发。火山灰和各种气体等冲出地表,悬浮在大气层中,给地球披上厚厚的"外衣"。"外衣"的遮罩作用导致阳光无法照到地面,地表温度急剧下降,最终许多生物活活冻死。但这也只限于猜测,科学家至今还没有真正发现这种地理回圈。

◆火山喷发可能导致物种大灭绝

知识窗

物种大灭绝的幸存者

有研究表明:生物本身抵抗或躲避灾难的能力尤为重要。每种生物的临界点是不同的,幸存生物有较强的忍耐度,濒临灭绝的生物,本身已处在生存环境的极限,当忍耐度超过极限后,便不可能去应付环境的剧变。基因变异速度的快慢,对生命演化的影响是很大的,但并非基因"好坏",而在于基因的突变和表达能否在世界上存活下来,能否适应新环境并遗传给下一代。

第六次大灭绝会来临吗——保护地球生态

物种灭绝的其他特点

首先让我们了解一下地质历史时期生物大灭绝的特点。量值：大量物种在大灭绝后消亡，达到具有实际意义的灭绝量值；广度：波及的范围是全球性的；幅度：广泛涉及不同生物分类单元；时限：限于较短的地质时期内。故大灭绝是一种全球范围内的破坏性极强的重大灾变事件，重创甚至毁灭了全球的生态系统，打破了生物与环境之间的长期的相对平衡，点断了连续演化的进程，给新物种的繁盛创造了新的机遇，在生命演化历程中起着特殊的作用，大灭绝在生物类群替代的演化进程中，起了加速和催化的作用，却没有彻底改变生物界的基础。

◆地球环境破坏日益加剧

在生物灭绝的大灾难时期，为什么有些生物消亡，有些生物躲过劫难，保存下来？仅仅是运气吗？

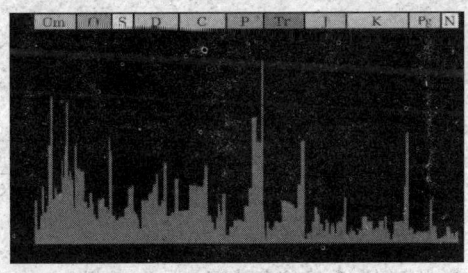

◆历次灭绝事件的强度

尽管史前大规模的灭绝事件在地球上发生过多次，且每一次大灭绝事件，因所处生物发展阶段、大环境和地质背景完全不同，故灭绝量值、规模、强度及控制因素均有差异，历次的结局也都不相同。但每次事件后，生物界在整体上从无"全军覆没"的纪录，而总有各种各样的不同寻常的、具有很强的抵抗或躲避大灾变的险恶环境能力的生物幸存下来，并不断演化成大灭绝后新生物演化阶段的主力。因此，忽视大灭绝意义固然不行，但夸大大灭绝作用也无助于对其准确理解。

消失的生物

物种消失太快了
——远去的生物多样性

◆物种的多样性

生物大灭绝是地质历史时期最重大的生物演化事件之一。有研究显示：生物大灭绝无一例外都由全球环境严重恶化引起。近数十年来，由于人类活动加剧生态环境的不断恶化，濒临灭绝和已经灭绝的物种不断增多，给全球生物多样性带来了严重的后果，也威胁到人类自身的生存。

物种多样性

物种多样性包含物种、遗传和生态系统这三个层面，它是生物多样性的简单度量，它只计算给定地区的不同物种数量。物种多样性是生物多样性的中心，是生物多样性最主要的结构和功能单位，是指地球上动物、植物、微生物等生物种类的丰富程度。

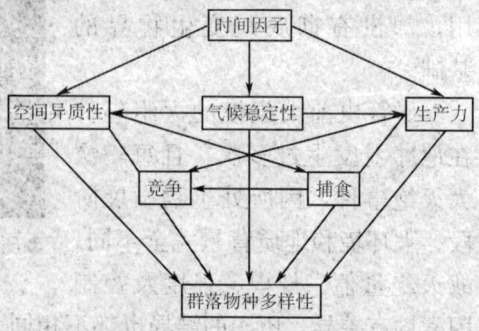

◆影响群落物种多样性的因子及相互作用

物种多样性包括两个方面：一方面是指一定区域内物种的丰富程度，可称为区域物种多样性；另一方面是指生态学方面的物种分布的均匀程度，可称为生态多样性或群落多样性。物种多样性是衡量一定地区生物资源丰富程度的一个客观指标。它是

第六次大灭绝会来临吗——保护地球生态

根据一定空间范围物种的遗传多样性可以表现在多个层次上的数量和分布特征来衡量的。一般来说，一个种的种群越大，它的遗传多样性就越大。但是，一些种的种群增加可能导致其他一些种的减少，从而导致一定区域内物种多样性减少。

物种资源正在消失

自从人类出现以后，特别是工业革命以后，由于人类只注意到具体生物源的实用价值，对其肆意地加以开发，而忽视了生物多样性间接和潜在的价值，使地球生命维持系统遭到了人类无情的蚕食。

科学家估计，在过去的2亿年中，平均大约每100年有90种脊椎动物灭绝，平均每27年有一个高等植物灭绝。在此背景下，人类的干扰使鸟类和哺乳类动物灭绝的速度提高了100～1000倍。1600年以来，有记录的高等动物和植物已灭绝724种。而绝大多数物种在人类不知道以前就已经灭绝了。经粗略测算，400年间，生物生活的环境面积缩小了90%，物种减少了一半，其中由于热带雨林被砍伐对物种损失的影响更为突出。

◆遗传多样性

> 从20世纪70年代开始，地球的温度就开始加速上升，而且每年增温速度还在加快。

估计从1990～2020年由于砍伐热带森林引起的物种灭绝将使世界上的物种减少5%～15%，即每天减少50～150种。在过去的400年中，全世界共灭绝哺乳动物58种，大约每7年就灭绝一个种，这个速度较正常化石记录高7～70倍；在20世纪的100年中，全世界共灭绝哺乳动物23种，大约每4年灭绝一个种，这个速度较正常化石记录高13～135倍。

消失的生物

以下是一组来自国家环保总局的最新数据：中国被子植物中，有珍稀濒危种1000种，极危种28种，已灭绝或可能灭绝7种；裸子植物濒危和受威胁63种，极危种14种，灭绝1种；脊椎动物受威胁433种，灭绝和可能灭绝10种……

生物多样性受到有史以来最为严重的威胁。生存问题已从人类的范畴扩展到地球上相互依存的所有物种，许多人都在思考着同样一个问题——我们能留给下一代什么？是尽可能丰富的世界，还是一个生物种类日渐贫乏的地球？不断攀升的数字敲响了世纪末的警钟，人类改造世界的美梦蒙

◆生物学家在小心翼翼地保护动物

上了一层阴影，不少人惊恐地自问：不曾孤独来到世上的人类，难道注定要孤独地离开？答案也许可以从150年前一位印第安酋长的话中找到——"地球不属于人类，而人类属于地球"。

◆生存在保护区里的动物

◆生存环境的破坏加速物种灭绝

新近灭绝的典型动物

当今物种加速灭绝的主要原因是人的活动导致了生物栖息地大面积消

第六次大灭绝会来临吗——保护地球生态

失和环境遭到破坏。全球气温变暖、人口急速增长和自然环境恶化，使地球上的生物正在经历有史以来第六次大灭绝。下面是在过去40年内新近灭绝的几种最典型的动物。

1. 金蟾蜍。金蟾蜍是过去40年中消失的物种中最美的一种。金蟾蜍因全身呈金黄色和皮肤光泽明亮而闻名，这种会发光的两栖类动物最早是在哥斯达黎加的高海拔地区发现的，曾大量存在于哥斯达黎加蒙特维多云雾森林。金蟾蜍从被人类发现至灭绝仅数十年时间，1989年以后，金蟾蜍再没有被发现。据说，金蟾蜍为哥斯达黎加第一个因全球变暖而灭绝的物种。

◆金蟾蜍

◆马德拉大白凤蝶

2. 马德拉大白凤蝶。葡萄牙马德拉群岛的温带雨林中的大峡谷中发现了马德拉大白蝴蝶，这个发现令世人震惊。与这种蝴蝶物种最为相近的是大白蝶，它们遍布于欧洲、非洲和亚洲。2007年，专家宣布马德拉大白凤蝶已经灭绝。

3. 比利牛斯山羊。在所有灭绝的动物中，比利牛斯山羊的绝迹可谓是最特别的了，因为它是第一个通过克隆又复活的物种。最后一只自然生育的比利牛斯山羊死于2000年1月6日。生物学家利用它的皮肤细胞克隆了一只新山羊，但是因为肺功能衰弱而仅存活了7分钟。

◆比利牛斯山羊

"领先一步学科学"系列

189

消失的生物

4. 西非黑犀牛。西非黑犀牛是黑犀牛中最珍稀的亚种，曾广泛分布在非洲中西部的大草原上。西非黑犀牛于2006年被宣告灭绝，当时自然资源保护主义者未能在喀麦隆最后的栖息地找到它们。

◆西非黑犀牛

◆斯皮克斯金刚鹦鹉

5. 斯皮克斯金刚鹦鹉。斯皮克斯金刚鹦鹉，也称为小蓝金刚鹦鹉，是鹦鹉科中唯一被编入蓝金刚鹦鹉属的品种，因其美丽的蓝色羽毛而闻名。虽然还存在一些人工饲养，这些小巧的蓝色鸟在野外已经灭绝。

 万花筒——渡渡鸟

◆渡渡鸟

渡渡鸟，又称毛里求斯渡渡鸟、愚鸠、孤鸽，是仅产于印度洋毛里求斯岛上一种不会飞的鸟。这种鸟在被人类发现后仅仅200年的时间里，便由于人类的捕杀和人类活动的影响彻底灭绝，具体灭绝时间是1681年，堪称是除恐龙之外最著名的已灭绝动物之一。

渡渡鸟是西方进入工业社会后，有史记载中第一种被灭绝的动物。渡渡鸟被灭绝以后，在西方就流传了一句谚语，叫"逝者如渡渡"，这句话的意思就是当一种东西消逝的时候，感觉就像渡渡鸟被灭绝了一样悲凉。

奇怪的是，渡渡鸟灭绝后，与渡渡鸟一样是毛

第六次大灭绝会来临吗——保护地球生态

里求斯特产的一种珍贵的树木——大颅榄树也渐渐稀少，似乎患上了不孕症。本来渡渡鸟是喜欢在大颅榄树的林中生活，在渡渡鸟经过的地方，大颅榄树总是繁茂，幼苗茁壮。到了20世纪80年代，毛里求斯只剩下13株大颅榄树，这种名贵的树眼看也要从地球上消失了。

1981年，美国生态学家坦普尔来到毛里求斯研究这种树木，这一年正好是渡渡鸟灭绝300周年。坦普尔细心地测定了大颅榄树的年轮后发现，它的树龄正好是300年，就是说，渡渡鸟灭绝之日也正是大颅榄树绝育之时。大颅榄树的果实被渡渡鸟吃下去后，果实被消化掉了，种子外边的硬壳也消化掉，这样种子排出体外才能够发芽。最后科学家让吐绶鸡来吃下大颅榄树的果实，以取代渡渡鸟，从此，这种树木终于绝处逢生，渡渡鸟与大颅榄树相依为命，鸟以果实为食，树以鸟来生根发芽，它们一损俱损，一荣俱荣。

◆大颅榄树

◆吐绶鸡也称火鸡

拓展思考

1. 现在的物种灭绝速度相比工业革命前有多大变化？
2. 你能说出近一个世纪里消失的物种吗？
3. 为什么一个物种的消失会引起其他大量物种的消失？
4. 渡渡鸟与大颅榄树之间有什么关系？

"领先一步学科学"系列

消失的生物

第六次大灭绝进行时
——元凶是人类

◆厄瓜多尔原始雨林遭跨国石油公司严重破坏

地球的生命发展史遭遇了五次大规模的物种灭绝，原因都是这样那样的自然界破坏性剧变。科学家们断言，现在地球正处在第六次生物大劫难的开端，这次不可逆转过程的根本原因却和以前截然不同，因为人类是这场悲剧的罪魁祸首。

为什么说人类是第六次生物大灭绝的元凶呢，本篇会告诉你其中的原因，赶紧接着阅读吧。

物种的不断消亡

根据各种不同的统计，今天地球上的动物和植物种类达500万至1亿之多，但是现在经科学家登记在册的总共只有200万左右。

在地球历史上曾发生过的前五次生物大惨剧中，每一次都要有一大半已知动物销声匿迹，有时甚至达90％以上。这就得出一种印象，似乎大自然有意不让无限制增加物种品种，总得定期对地球的生物圈来一次"清除"。就说现在吧，据不少专家的意见，有大批生物物种正处在灭绝过程中，其规模完全可以与史前划等号。照目前每天有40种动物告绝的平均速度计，只需1.6万年，现代生物区系的90％便会从地球上消失，完全同二

第六次大灭绝会来临吗——保护地球生态

叠纪大灾难所毁灭的物种相当。即将到来的第六次大劫难称为更新世大灾难。

在正常情况下，从小小的微生物到大型哺乳动物，每年平均有好几千个物种绝种，其中不少都没有很好得到研究。可在此同时，又生成一些新的物种。在科学家看来，除了大规模灭绝时期之外，应该都是新生数略高于绝种数。正因为如此，地球上的生物多样性才能有持续性增长。可现在旧物种消亡的速度比新物种生成速度要快1万倍左右。据科学家称，目前地球珍稀动物面临最大威胁的国家有巴西、印度、印度尼西亚和中国。

◆苏联农业灌溉造成咸海萎缩和干涸

◆西弗吉尼亚山顶剥离采矿

◆美国和加拿大山松甲虫爆发

人类制造的悲剧

科学家们称，人类在目前的地球上处于绝对的"霸主"地位，对任何事件的考虑都是以自己为中心的，这将不可避免地影响其他生物的发展，

消失的生物

◆巴西亚马孙雨林被滥砍滥伐

◆肆虐的沙尘暴

生物多样性的单调是必然的。

全球气候变暖、人口急速增长和自然环境恶化，使地球上的生物正在经历有史以来的第六次大灭绝。早前的几次物种灭绝有着很多相似点，但与以往不同的是，人类在这次生物灭绝事件中充当了"总导演"的角色。科学家认为，工业革命拉开了这次生物灭绝的序幕，而且灭绝的速度越来越快。

英国皇家学会会员、剑桥大学教授西蒙·莫瑞斯说："现在的环境和以前发生生物大灭绝时的环境没有多少相似性。但是化石证据可以使我们判断出，在距今约4500万年前，地球经历了一次非常剧烈的气候变暖。当时全球气候变暖的程度和今天由于人类活动导致的、地球正在经历的变暖现象有类似的地方。它们都导致了大量动植物种类灭绝。"

"除了星体撞击、全球性火山爆发等突发事件外，我们正在经历的生物灭绝比地球生命史上其他灭绝事件更为恶劣。"我国西北大学早期生命研究所所长舒德干说。

第六次大灭绝会临吗——保护地球生态

温室效应之绝路

科学家历时多年对温室效应的研究，并不仅仅是为了揭开谜底来满足人类的好奇心，更重要的是希望能够从中找到某些启示和教训。

"人类对气候变暖依然心怀侥幸。远古时代的生物灭绝，带给我们的警示就是，在温室效应形成前，就要停下脚步。"专家说，"地球自身是有调节功能的，空气中的二氧化碳浓度过高时，会通过植物和土地吸收将其埋藏于地下。但是这种调节是有容忍度的，一旦超过这个'度'，地球将发生不可逆转的温室效应，最恐怖的灾难将降临，无论人们投入多么大的人力物力挽救环境，都将为时已晚。"

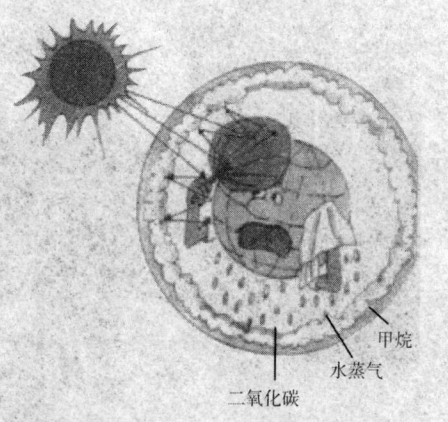

◆温室效应漫画

"人类正走在通往温室效应的路上。"专家意味深长地指出，地球上生物大灭绝发生了多次，其中有些已经明确证明与温室效应相关。如果把地球历史比作24小时，那么人类的诞生仅仅在最后一分钟。在"一分钟"时间里，已经有这么多的生物灭绝，这肯定足以引起人类的警醒。第六次生物大灭绝因人类而起，同时人类也可能位列此次灭绝之中，很难幸免。

大灭绝后的思考

大规模的物种灭绝事件发生以后，往往会产生很多很多的空间，生态学家把这些空间叫做"生态位"，它为很多新的物种的产生提供了有利的条件。所以地球历史上每一次大的灭绝都会促成一次重大的进化，这就是物种不断繁衍的过程——所以物种的灭绝、发生和进化是相辅相成的。我们不能把灭绝看成是绝对的错误，地球上自然的灭绝和自然的发生是地球和环境互相作用的历史过程。比如，二叠纪时与哺乳动物有几分相似的兽孔目爬行动物的灭绝为早期爬行恐龙开辟了道路，而恐龙的灭绝又为哺乳

消失的生物

◆温室效应气体来源

◆迈克尔·波尔特的《灭绝：进化与人类的终结》一书

动物在一段时期后的大进化开辟了道路。物种的产生和消灭是永远存在的，但是由于人为导致的不必要的物种灭绝是我们需要警惕的，它会打破生态系统的平衡，从而带来人类生存环境的恶化。而现在正在发生的第六次大灭绝跟历史上的五次大灭绝有着本质的区别，现在的灭绝主要是人为的对环境的破坏和不正当的资源利用以及人类对自然的残忍掠夺。以迈克尔·波尔特的《灭绝：进化与人类的终结》一书的结尾作为本篇的结尾，希望能引起未曾思考过大灭绝这个问题的人们的一点思考。"有了人类的地球将是一种空幻的感觉：一片巨大美丽的土地，完全脱离了我们目光的注视。生物学家更艰难的思考在于，大多数进化复杂的生物群体已经走向了灭亡。曾经有一个阶段，我们对智人先进的特征极为崇敬，可是现在我们看到了他们的缺陷。巨大的基因组、极为复杂的生理学和神经学，似乎并不能保证生物多样性王冠的永久性。作为上层进化支的人类，我们曾天真地以旁观者的身份，俯视这个进化阶层。其实，整个进化树的各个部分，需要的是同等的尊重。"

第六次大灭绝会来临吗——保护地球生态

大灭绝能否逆转
——保护物种就是保护人类

有人可能会说:"物种那么多,即使少了20%,地球上还是很丰富。生物的很多功能并不会完全丧失。"那他可就大错特错了。因为共同生活在一个生态系统里的动物们,通过食物链互相联系。

自然界中,每一种植物大约与10~30种类动物有关。其中的一种昆虫是它的授粉工具,其他的则以它维生。如果我们消灭这种昆虫,那就破坏了授粉的唯一途径。这种植物就会灭绝。而以此为食的其他29种动物也就同时灭绝了。麻烦的是,这29种动物,可能每一种都是其他物种的食物,或者寄主,随着它们的灭绝,更多的物种消失了。

◆保护地球就是保护人类自己

自然没有惩罚,只有因果

气候变迁跨政府小组(IPCC)预测,21世纪气温将会升高1.4℃~5.8℃。即使在1.4℃~5.8℃这个范围内的最低数字,气温增加也将会超过上个世纪的2倍;预测最高的摄氏5.8℃,将超过20世纪大约10倍以上。

这样的温度变化,第一个受到冲击的是不耐高温的水生生物。再就是两极冰山融解,造成海平面升高,靠近海边的低洼地区会首先遭殃,土地面积减少,因而压缩了陆栖生物的生存空间。

消失的生物

也就是说，生存环境减少，生物多样性也会跟着降低，甚至有些会灭绝。因为在有限的空间内，物种数越少，自然资源才足以分配，这样一来，就算我们有 100 个国家公园、1000 个动植物保留区都没有用。

自然的多样性，其实指的不仅是生物的多样化，还包括气候、土壤、阳光、空气、水。经过了人类的用力破坏，地球回馈给我们的，是一次又一次怪异的天灾加上无数次的人为灾害。台风、干旱、暴雨、海啸、水灾、土石流……使得人们流离失所，生命遭受威胁。

我们已经启动了第六次大灭绝，犹如开启定时炸弹的开关一般。地球上所有人都需要和时间赛跑，至于是否能够在最后 1 秒按下停止键，没有人知道。但是，如果人们还是不停止破坏自然，那么死亡要比生存容易得多了。

◆保护环境从点滴做起

◆严重的环境污染

 知识窗

全球环境污染问题

目前在全球范围内都不同程度地出现了环境污染问题，具有全球影响的方面有大气环境污染、海洋污染、城市环境问题等。随着经济和贸易的全球化，环境污染也日益呈现国际化趋势，近年来出现的危险废物越境转移问题就是这方面的突出表现。

第六次大灭绝会来临吗——保护地球生态

保护生物栖息地

科学家曾经认为,数量上的巨大优势可使昆虫避免物种灭绝命运。但生物学家托马斯说:"不幸的是,我们看到的结果是昆虫种类也大大减少了。"他指出,由于昆虫物种量占全球物种量的50%以上,因此它们的大规模灭绝对地球生物多样性来说是个噩耗。

研究者认为,当今的物种灭绝主要原因是由人的活动导致生物栖息地大面积消失。剩下的栖息地变小了,并且支离破碎,其质量也因污染而下降。因

◆保护野生动物

此,为了保护物种,首先要做到的就是在全球范围内保护它们的栖息地。

我们得立即采取措施制止这一切,一旦生物数量下降,就很难使它避免绝种的命运。这就如同人们不断地从墙上拆砖头,然后总有一天整个墙会坍塌。

◆美丽的湿地保护区

◆贵州金丝猴保护区

启示与展望

生物与环境的协同演化、人与自然的协调发展,已经成为当代社会科

消失的生物

学和自然科学研究的重大主题。地球自从有了生命，生物与环境便成为一对互相制约、相互促进的共同体。地球环境创造了生命，生命发展促进了环境变化。

人类为了生存所进行的资源及能源的开发和利用是完全必要的，但是所有开发和利用都应当从整个自然界，尤其是地球环境的生态系统，即所谓生物圈的平衡状况加以全面和科学的考虑，然后再在保护自然环境、维持生态多样性的基础上，达到人和自然之间的协调。

我国宪法第二十六条已经明确指出："国家保护和改善生活环境，防治污染和其他公害，国家组织和鼓励植树造林，保护林木。"在党和国家的重视和领导下，我们要大力宣传和普及"环保"知识、为创造一个无污染和公害、生态保持平衡和优美的环境而共同努力。让我们都来关爱自然，热爱地球吧，手挽手、肩并肩、心连心地铸起一道绿色环保的大堤，捍卫资源、捍卫环境、捍卫地球、捍卫我们美好的家园吧。

◆留给下一代一个清洁的地球

 小知识

环境污染的最直接、最容易被人所感受的后果是使人类环境的质量下降，影响人类的生活质量、身体健康和生产活动。例如城市的空气污染造成空气污浊，人们的发病率上升等等；水污染使水环境质量恶化，饮用水源的质量普遍下降，威胁人的身体健康等。严重的污染事件不仅带来健康问题，也造成社会问题。随着污染的加剧和人们环境意识的提高，由于污染引起的人群纠纷和冲突逐年增加。